Napoleon Hill's
Greatest Speeches

致富
的勇气

[美]**拿破仑·希尔** / 著

金 琳 / 译

北京联合出版公司
Beijing United Publishing Co.,Ltd.

拿破仑·希尔
最伟大的演讲集

———

拿破仑·希尔从未公开发表过的演讲集

拿破仑·希尔基金会中国唯一正版授权

Contents

目 录

Chapter Two
那个曾经没有任何机会的人

Chapter Three
彩虹尽头

Chapter Four
成功的五种基本要素

Chapter Five
奇迹人生的创造者

Chapter Six
比别人加倍努力

Endnotes
附　录

J.B. 希尔博士　————————————————————

　　拿破仑·希尔在演讲时所用的演讲稿通常不会超过一页。虽然大部分稿件完好地保留了下来，但是他真正说的话却几乎无迹可寻。我花了几年时间才找到一份记载当年祖父演讲的文档。对我来说，找到这一份演讲文档不只是意外之喜，更是奇迹。

　　这份文档记录了1922年拿破仑在塞勒姆学院（如今的塞勒姆国际大学）做的毕业典礼演讲的演讲词。它被发表在当地的报纸上，标题为"彩虹尽头"。这份报纸的副本被保留在微缩胶卷上，收藏于塞勒姆学院的档案馆中。当我把它打印出来后，我得用放大镜才能阅读上面的文字。更糟的是，文案上的字迹因为年代久远而变得模糊不清，我花了超过一天的时间才把整篇演讲稿整理出来。其间，我逐个单词逐个单词地辨认，然后我的妻子将其记录下来。

　　拿破仑曾多次提到过挫折应被视作伪装下的福祉。在1922年的毕业典礼上，拿破仑说到他多次经商失败的经历其实是将他领向更好的机遇的转折点。因此，每次失败都是福音。

　　他将这些失败后的成功归结于他的经商态度：他所提供的服务的价值永远大于自己获得的报酬。这种处世风格逐渐演化出了其成功的两大法则：**从挫折和失败中学习，比别人加倍努力。**

　　1922年拿破仑发表演讲的地方是西弗吉尼亚的塞勒姆，离他的妻子弗洛伦斯的娘家兰伯波特不远。尽管拿破仑当时是《拿破仑·希尔杂志》的主编和出版商，并且是公认的成功人士，但弗洛伦斯的家人认为他还远远不够。在十二年里遭受十次事业上的失败着实让弗洛伦斯的家人对他嗤之以鼻。因此，在塞勒姆学院的演讲是他在他妻子的朋友和家人面前表现自己的机会。而这次，他成功了。他的演说方式深深地打动了听众。他以自己失败的经历来展示他是如何成功战胜挫折的。他的这次演讲被赞为当地有史以来最激励人心的演讲。演讲结束后，人们的掌声和赞美声经久不息。拿破仑昂首站在他的家人面前，维护了自己的荣誉。

　　我将这份演讲的抄本发给了拿破仑·希尔基金会的执行董事总监唐·格林。唐立即觉得这篇演讲稿有扩展成一本书的可能性，并且开始在基金会的档案馆中搜寻别的素材。在过去的几年中，他找到了更多的演讲词和几篇文章，经过他的校对最终被编入本书。

　　其中一篇文章《这个不断变化的世界》，是在拿破仑孩童时期家中的壁炉架后面找到的。文章写于大萧条时期，很有可能是 1930 年年末。

当大萧条席卷美国时，拿破仑与他的家人住在一起，他们为他找到了一份稳定的工作。但是，对他来说，若是他接受了这份安全与稳定，那么就等于他接受了失败。所以，在 1931 年 3 月，希尔做了他不得不做，但同时又是他不应该做的事：他辞去了工作，只身来到华盛顿特区。

那时，拿破仑在创业失败这一领域上已经建立了"丰功伟绩"。他一定是有强大的信念才能做出再一次展开个人冒险的决定，毕竟那时候他除了信念一无所有。这篇从壁炉架后面找到的文章详细描述了拿破仑在全球大萧条时期离开家人和安稳的生活去华盛顿闯荡背后的原因和其当时的心境。《这个不断变化的世界》回答了诸多关于拿破仑的精神世界的问题，这些问题在这之前一直困扰着世人。

唐还找到了两份拿破仑早期的演讲稿《分析一万人之后，我学到了什么》的抄本。其中一份保存在拿破仑·希尔基金会的档案馆里，另一份发表在 1918 年 2 月期的《现代方法》上。拿破仑在写这篇演讲稿的时候出任了乔治·华盛顿广告学院（现今芝加哥的布莱恩特斯特拉顿商学院）的院长，后来他成了学院推销与广告系的主席和主任。

在这篇演讲稿中，拿破仑提到了五项成功"必需品"：自信、热情、专注、工作计划，以及保证服务的价值永远大于自己获得的报酬的工作态度。它同时体现了早期拿破仑对之后他所提出的对成功法则的思考，尤其是对其中的**热情、**

注意力和**比别人加倍努力**这三项法则的阐述。后来，他将"自信"这一必需品归入"热情"，并将"工作计划"解释为达到**明确目标**的过程的一部分。虽然拿破仑·希尔熟知安德鲁·卡内基之"团结协作"的理论，但他并没有在他的演讲中提到它。我猜想，这是因为此理论与一个销售员听众来说并没有很大关联，毕竟销售员通常有自己独特的成功之路。

1952 年年底，拿破仑暂别他在加利福尼亚的妻子安妮·卢，与 W. 克莱门特·斯通开展了长达一年的项目合作。他和斯通花了几个月时间一起做巡回讲座，在这些讲座上，斯通往往以主讲嘉宾的身份介绍拿破仑。

唐后来找到了其中一场名为"奇迹人生的创造者"的讲座的录音，并把录音转录成文字，收入本书中。这或许是唐最有趣的发现，因为它精确地记录了拿破仑在即兴演讲时的状态。拿破仑的智慧和无与伦比的口才在字里行间清晰可见。

到了 20 世纪 50 年代中期，拿破仑成了全国著名的演说家。他的讲座通过收音机和电视传播到家家户户，太平洋国际大学授予他名誉文学博士学位。1957 年，塞勒姆学院再次邀请他做毕业典礼演说，并授予他第二个名誉博士学位。

这时候，拿破仑关于成功的理论已经成熟，它们最后转变为具体的法则。在他的大学毕业典礼演讲上（*此次演讲名为"成功五要素"*），他并没有告诉学生们成功的"必需品"，而是五项最重要的成功"法则"。就像在 1922 年的毕业典礼上一样，拿破仑听到了观众们的热情欢呼。

有趣的是，经过三十五年的思考探究后，在 1922 年被提出的五样成功**必需品**中，只有"**比他人加倍努力**"始终是拿破仑心中获取成功的必要因素。其他的必需品被四项必要法则替代，它们是**团结协作、目标明确、自我约束**和**实用**的**信念**。

　　本书中的每篇演讲稿和文章既能作为独立的篇章供人赏读，又能结合在一起阐释拿破仑的理论是如何随着思想的成熟而进化，如何逐渐融合为全面的成功哲学。这些材料作为一个总体比起作为独立的篇章更有意义和价值。

拿破仑·希尔
简 介

拿破仑·希尔出生于 1883 年 10 月 26 日。在他的出生证上，他的名字是奥利弗·拿破仑·希尔。但早在他成为家喻户晓的作家之前，他就抛弃了"奥利弗"这个名字。

人们一般不会把希尔早期的生活环境与他后来所创造的辉煌事业联系起来。他在弗吉尼亚的怀斯县长大，那是一个位于阿巴拉契亚山脉的偏远地区。

希尔的传记《一生的财富》描述了 19 世纪 80 年代怀斯县的生活，那里似乎与世隔绝，全国其他地区的进步与发展并没有为这个偏远小县带来多大影响。在怀斯县，人们的寿命仍旧很短，婴儿的死亡率却很高，成千上万住在弗吉尼亚偏远地区的人还是被各种慢性疾病折磨，比如钩虫病、疟疾和糙皮病（一种由于饮食不良引起的疾病）。

19 世纪 80 年代，大多数弗吉尼亚的学校十分落后。小学在一年里只开放四个月，而且还不属于义务教育范畴。那时候整个弗吉尼亚州只有一百来所高中，大多数课程只有两到三年时间。整个州仅有十所高中开设四年制课程。

希尔出生的时候，煤被当作主要的供热能源，但是直到 19 世纪 90 年代煤炭才被商品化。在弗吉尼亚西南部土壤贫瘠的山区地带开展农业活动十分艰难，所以很多人家离开了大山，去城市寻求能让他们生存下去的工作。

玉米是当时主要的粮食。人们种植玉米不仅是为了喂牲畜，也是为了填饱自己的肚子。玉米也常常被用来酿造一种叫"月光酒"的烈酒。这种"月光酒"对当地人来说十分重要，因为人们可以用它来换钱，所以山区人民视其为珍稀物品。

希尔的成长环境给了他足够的理由去相信山区文化以三样东西闻名：家族纷争、"月光酒"和没文化的人。

拿破仑·希尔基金会的档案馆里收藏着一本未出版的希尔自传，在这本自传里，希尔写道："在家乡，整整三代人在无知、文盲和贫穷中出生、成长和艰难地生存，直到过世也未踏出过那片山区。他们靠泥土生活。他们的钱全来自出售用玉米酿造的'月光酒'……那里没有铁路，没有电话，没有电灯，连可通行的公路也没有。"

请注意：所有在本书中记载的引言和真实故事都取自拿破仑·希尔基金会的档案、回忆录、研讨记录、手写信件和其他可靠来源。

毫无疑问，希尔和其他人一样对像安德鲁·卡内基（他或许是史上最富有的人）和托马斯·爱迪生（他在希尔出生的那个年代发明了电灯泡）这样的富豪羡慕无比。但是，和一般仰慕富贵成功者的人不同，希尔亲眼见到了这群当时全国最富裕、最有势力的人。

命中注定将名扬天下

希尔命中注定将名扬天下。今天，有上百句他说过的最有名的话被人们引用。其中一句是"**每次挫折都孕育着成功的种子**"。这句话真切反映了希尔的童年。

希尔的父亲詹姆士·门罗·希尔在年仅十七岁的时候就娶了年轻的莎拉·布莱尔为妻。奥利弗·拿破仑是他们的长子，他后来有个弟弟，名为维维安。希尔九岁的时候，他的母亲就不幸离世了。

童年丧母给希尔带来了沉痛的打击，但所幸一年后，一位继母进入了希尔的生活。玛莎·蕾米·班纳是一位校长的遗孀，也是当地一位医生的女儿，她对希尔的影响或许比其他任何人都大。后来，他是这样说起他的继母的："如今的我及我将来渴望取得的成就都归功于这位可敬的女士。"这句话让人联想起亚伯拉罕·林肯总统对他继母的评价。

玛莎将她的三个孩子和希尔兄弟俩带到了同一个屋檐下，并着手改善这个新家庭的精神面貌和财务状况。玛莎将一股强大的力量灌输给这个新家庭的每个成员，这种影响首先从她的新丈夫詹姆士身上得到体现。她鼓励他开设了一家新的邮局并出售小商品，后来他还帮助当地建了斯里福克斯原始浸信会教堂。

毫无疑问成为教会的积极分子对希尔的未来有深远影响，因为这是他第一次见到牧师们靠他们出色的口才调动一大群人的情绪，打动他们的心灵。希尔后来正是以其吸引观众、说服观众的能力闻名。

十一岁的时候，希尔的继母鼓励他成为一名作家，因为她发现他拥有无穷的想象力。玛莎对她的继子这么说："如果你能够将你调皮捣蛋的时间全部花在阅读和写作上，你或许有一天能见到整个州的人民都为你雀跃。"

希尔十二岁的时候，他的继母成功说服他用他引以为傲的枪换来一台打字机。那是 1895 年，那时候打字机是非常稀有的商品。玛莎又一次教诲这个常常惹祸的孩子，对他说："如果你能像打枪那样在打字机上练出一身本事，你或许会变得富有、出名，全世界的人都会知道你。"那时候，希尔已经饱读诗书，他深谙伟大的作家甚至可以在死后也名扬千里。

即使在早年，年轻的希尔也已经意识到继母为他播下的思想种子或许有一天真的能够生根发芽。多年后，他将**"只要敢想，就会成功"**这一理念传播给了千万民众。

十三岁的时候，希尔找到了一份在煤矿做体力劳动的工作，他的薪水只有一天一美元。这份工作不仅辛苦、肮脏、卑微，更糟的是希尔的净收入其实只有每天五十美分，另外五十美分则花在食宿上。希尔在煤矿看不到希望，但这段经历让他认识到他可以靠他的头脑挣得更多的钱，而非双手。

十五岁的时候，希尔进入格拉迪斯维尔高中，虽然在此期间遇到了不少困难，但他两年后还是完成了学业。

高中毕业后，他离开家乡，进入一所商学院学习。在这一年里，他学会了速记、打字和记账，这些技能都是为希望成为秘书的学生准备的。

在完成商学院的学业后，十七岁的希尔主动联系了著名律师鲁弗斯·埃尔斯（当时弗吉尼亚的首席检察官），向其表达了希望为他工作的意愿。埃尔斯是一个真正多才多艺的人，他不仅是一名律师，也是伐木业和煤矿业大亨。希尔之所以联系埃尔斯，是因为他着实欣赏商业巨富，梦想着有一天能成为其中的一员。

希尔在写给埃尔斯的信中表达了他希望为他工作的决心。在信中，他提出了以下建议。

我刚刚从一所商学院毕业，我完全能够胜任您的秘书，这是我长久以来都梦想获得的职位。因为我没有工作经验，我知道在一开始，为您工作所带给我的好处远大于我带给您的好处。正因为如此，我愿意付钱来获得为您工作的特权。

您可以向我收取您认为合适的价钱，只要您同意三个月后，这个数目将成为我的薪水。我主动支付给您的这笔钱可以在我开始挣钱后，从您给我的薪水里扣除。

为埃尔斯工作对希尔来说的确是件令人振奋的好事。拿破仑每天西装革履，早早地来到办公室，却很晚才回家。希尔的努力获得了回报，后人很容易就能察觉到，比别人加倍努力让这位雄心壮志的商人在他的事业早期受益匪浅。

在埃尔斯的指导下，希尔逐渐成长为一名出色的律师。他说服他的弟弟维维安申请就读乔治敦大学法学院，告诉他他可以靠写作来维持兄弟俩的生活。虽然拿破仑后来也进了法学院，却并没有像他的弟弟那样毕业。一项工作任务将决定拿破仑一生的职业：1908 年秋天，希尔被《鲍勃·泰勒杂志》派去采访工业巨头安德鲁·卡内基，这份杂志的主人是罗伯特·泰勒，时任田纳西州州长及美国国会议员。希尔十分喜爱这份杂志，因为它时常刊登成功人士的故事。他为能够再次像年轻时为报纸撰文一样发挥他的写作才能而兴奋不已。

采访卡内基

这次对卡内基的采访将给自我提高这一学习领域带来翻天覆地的变化。卡内基自己就是一个白手起家、乞丐变富翁的典型。十岁时，卡内基作为一个几乎没有受过教育的苏格兰移民，不得不开始工作，每周薪水只有一美元多。通过自身不断努力，有计划地存款和投资，他三十岁时就成了百万富豪。

在采访中，卡内基讨论了"成功的哲学"这一理念，并向希尔提出花二十年时间采访和研究成功人士并使这个哲学理念帮助普通人致富的挑战。卡内基也为这个项目做了贡献，他写了许多封介绍信，为年轻的希尔与全国最成功的人建立起了联系。

希尔接受了挑战。在这个持续三天的采访过程中，希尔充分学习了卡内基的成功哲学。当说起他的童年时，卡内基强调了**"团结协作"**法则和**"比别人加倍努力"**法则，以及它们是如何助他打造成功事业的。

卡内基告诉希尔，**平凡的出身并非阻挡他成功的障碍，而是激励他克服困难、坚持看上去几乎不可能实现的梦想的动力。**卡内基拥有非常强烈的自我价值意识，他说："贫穷无法阻断成功与你之间的道路。自信是心智的最好状态，成功的必要条件，而树立自信心的起点则是拥有明确的目标。"卡内基将他自己提出的"个人成功哲学"中的基本准则定义为：**"若一个人清楚地知道他想要什么，有一个达到此目标的具体计划，并且全心全意地投入到此计划中，那么他很快就会相信自己有能力取得成功。若一个人迟迟不肯行动，那么他很快会丧失自信心，终将一事无成。"**

希尔问卡内基："若一个人知道他想要什么，制定了明确的目标并付诸行动，却遭遇失败，那他会怎样呢？难道这不会摧毁他的自信心？"

卡内基回答说：**"每一次挫折都孕育着成功的种子。伟大的领导人的生活历程证明了他们获得的成功与他们积极处理暂时性失败的能力是成正比的。"**

卡内基还向希尔提出了控制自我思想的必要性。卡内基解释道，心智是一切幸福与痛苦的来源，是贫穷和富裕的根本。对心智的运用让我们结交挚友，也让我们树立敌人。这全都是我们的选择。一个人心智上的局限其实是这个人给自己套上的枷锁。

后来，当希尔屡次提起或写到关于心智的话题时，他总会有意无意地掺入卡内基的思想："只要敢想，就会成功。"

卡内基又告诉希尔，他的朋友们——比如亨利·福特、托马斯·爱迪生、约翰·D.洛克菲勒、哈维·费尔斯通和亚历山大·格雷厄姆·贝尔，他们的经历和他自己的非常相似。尽管经历不断的尝试和失败，却依然坚持明确的目标，采取果断的行动。他们不仅收获了成功，也收获了财富和名气。据卡内基所言，**行动是最为关键的一步，因为如果没有行动，即使是最好的计划和目标也是毫无价值的**。在举了这些例子后，卡内基鼓励希尔研究其他成功人士的人生。

> **行动是最为关键的一步，**
> **因为如果没有行动，**
> **即使是最好的计划和目标也是毫无价值的。**

希尔将他从卡内基与其他商业和政治领域的上百名成功人士身上学到的知识运用到了传播成功哲学这一毕生事业中。他与卡内基的对话成了《思考致富》的基础，这本书是有史以来最热卖、影响最大的自我提升书籍。

新婚不久，希尔从华盛顿（他当时的居住地）来到底特律采访亨利·福特。福特表现出超强的自我控制力及集中所有精力来达到目标的能力。当时，福特的目标只有一个：制造出一款人人都能买得起的汽车。希尔后来提到，福特对讨论成功并不感兴趣，他一心只想谈论他的汽车。他一定是让希尔佩服得五体投地，以至于他花了 680 美元买下一辆新款的福特 T 型汽车，一路开回了华盛顿。这让他的妻子弗洛伦斯大吃了一惊。

从底特律采访亨利·福特回来后，希尔陷入了急需用钱的境地。由于刚刚结婚，他需要一份稳定的收入。于是，他开始在华盛顿的一家车行做销售员。这份新工作给了希尔一个比别人加倍努力的机会。他建立了华盛顿汽车学院并开始培训其他销售员。

希尔的一生中有诸多挑战，但是他对 1912 年 11 月 11日，他的儿子拿破仑·布莱尔·希尔的降临所带来的挑战却毫无准备。拿破仑·布莱尔不仅天生聋哑，而且还没有耳朵。但是，希尔并没有像别人那样去学手语，而是下定决心教他的儿子听和说。希尔会将他的嘴唇对着他儿子颈后，也就是耳朵应该生长的地方，连续几小时对着他说话。几年后，布莱尔学会了听，后来依靠一种特殊的助听器最终获得了听与说的能力。

希尔激励他的儿子克服了天生没有耳朵的生理缺陷。拿破仑在他一生中还遇到了许多挫折，比如破碎的婚姻、失败的生意和资金短缺，但是他从未放弃对成功学的追求。

希尔的一项事业是乔治·华盛顿学院，学院致力于培训销售员。他的销售课程目的在于教授广告业和服务业的规则。希尔称,那时候,他已经采访了超过一万名试图获得成功的男男女女。他告诉学员自信和热情是成为一名成功销售员的必要条件。也是在这段时间里,希尔开始将心理学应用到他的成功哲学中。在一份 1916 年的备课记录中,希尔写道:"我深深怀疑通过失败来获得成功的可行性。事实上,你要么是有意识地,要么是无意识地逐渐获得你最想要的东西。"在希尔教学期间,他开始告诉他的学生"自我暗示"有利于控制心智。

随着第一次世界大战的结束,社会状况也发生了巨大的变化。希尔想到了出版属于他自己的杂志,他将其命名为《拿破仑·希尔的黄金法则杂志》。希尔选择了乔治·威廉姆斯为杂志的出版商,他们在一战时共同为伍德罗·威尔逊总统服务而相识。

在编写《拿破仑·希尔的黄金法则杂志》时,希尔充分结合他曾经作为打字员的经历和在报纸行业中获得的丰富知识,发挥自身的最大优势。这份杂志是希尔传达其热情的极好通道,这种热情最初来自弗吉尼亚怀斯县鲍威尔河畔的斯里福克斯原始浸信会教堂。这对希尔来说是个传播他的思想的机会,是个教育和激励他的读者的机会。在这里,他终于获得了年轻时他的继母所说的荣誉。

1919 年 1 月第一期《拿破仑·希尔的黄金法则杂志》经过撰写、编辑和印刷,终于被送到了各个报刊亭。由于没有足够的资金雇用撰稿人,前九期的杂志中的每字每句都是由希尔亲自执笔撰写的。后来他说:"每篇文章都是我写的,然后我用不同的笔名来假装它们来自不同的人。"仅仅靠一名作家支撑,《拿破仑·希尔的黄金法则杂志》没有理由获得成功,但是它的确大获成功。第一期杂志在短时间内立即脱销,他们不得不加印两版。

到 1920 年 10 月,希尔不得不放弃对《拿破仑·希尔的黄金法则杂志》的所有权。于是,他开始了环游美国之行,同时发表各种充满激情的演讲。他所到之处,总是掌声不息。

1921 年,希尔从芝加哥搬到了纽约,并在那里创立了《拿破仑·希尔杂志》,杂志的第一期于 1921 年 4 月出版。杂志中的大部分文章仍旧由希尔亲自撰写,同时也开始雇其他的作家,这些作家撰写了一系列话题广泛的文章。他们中有医生、商人和心理学家。希尔开始在如何建立自信心、如何推销自己甚至如何找到更好的工作等话题上发表建议和意见。

希尔利用这份杂志来向销售行业和广告行业的人员以及公共组织和学校推广自己的讲座。他所做的一切都是为了传播他的哲学理念。希尔的讲座也大受欢迎,他甚至可以拿到每场一百美元的酬劳外加开支报销。

激情澎湃的演说

希尔对他的公众演讲事业感到无比欣慰,因为这让他见到了其教学的效果。的确,他的话语和表达方式深深感动了听众。他的演说往往激情澎湃,并掺入许多《圣经》中的经典段落,毫无疑问这是他在斯里福克斯原始浸信会教堂的布道中学到的知识。

　　希尔将两个话题作为他演说的重点，其中一个是"成功魔梯"，这也成了他第二本书的书名（此书出版于1930年）。另一个话题则是"黄金法则"之哲学理念，这一理念贯穿他的演说和写作。希尔也常常提到**"他生活中的七个转折点"**。希尔通过讲述他个人生活和职业生涯中的起起落落来传达其主要思想。

　　1921年，《拿破仑·希尔杂志》正值辉煌时期，希尔却开始在交流传播领域开辟他的新事业。他设立了一门叫"成功的科学"的课，并通过他的讲座向大众推销，所有人都可以通过邮件购买此课程。课件包括十份印刷材料和六份留声机录音。所有购买"成功的科学"的人不仅能够阅读希尔的文章，还能够听到他抑扬顿挫的声音。这门课开创了励志音像产业的先河，这个产业激励了成千上万的人改善他们的生活。

　　到了1922年，希尔的讲座不仅给他带来了巨额收入，也让他与更多富裕、著名的商人建立起联系。他从未中止过对卡内基当年向他提出的"成功的哲学"的追求。

　　不过希尔并不满足于将成功的哲学传授给普通大众，他察觉到向监狱里的服刑罪犯们讲授成功的法则对他来说是个极好的机会，对社会而言也是一种福祉。

　　于是，希尔开始在监狱里教学，他很快获得了巨大的成功。直到今天，他的哲学仍帮助服刑者建立更好的生活。上**千名被监禁的人从希尔的文字和话语中受益匪浅，他们靠他翻开了人生的新篇章。**

　　由于希尔不得不将《拿破仑·希尔的黄金法则杂志》的

所有权转让给他的合伙人，又被迫中断《拿破仑·希尔杂志》的出版，他的财务状况受到了巨大冲击。但是，希尔比任何人都能更迅速地从挫折中走出，他是"每次挫折都孕育着成功的种子"的最好例子。

不久之后，他利用创造性融资花了十二万五千美元买下一幢建筑，正式成立了大都会商业学院。

商学院开始全面运作后，希尔从 1924 年起在此授课，频率高达一周五天，每天三次。

到了 1926 年，希尔结识了俄亥俄州坎顿的《坎顿日报》出版人唐·梅里特。他将商学院的管理经营责任交给他的合伙人，转而开始了在《坎顿日报》的全职工作。梅里特对希尔十分钦佩，他想把希尔一生对成功的学习和研究汇集成一本书。

然而，希尔即将面临又一场悲剧。那是在禁酒时期，梅里特揭发了一个非法销售威士忌的团伙。一个黑帮歹徒（他之前是警察）残忍地杀害了梅里特。希尔以为自己也会受到牵连，于是为了保命逃离了坎顿。希尔本来能够很快看到自己的第一本书出版，然而这个计划却被一场谋杀耽搁了。

但这个计划仅仅是被耽搁，并没有被终止。在西弗吉尼亚——他妻子的亲戚住在那里——住了一阵后，他抱着出版他的第一本书的决心前往费城。但是他的长篇手稿遭到了无数次拒绝，后来，他想起了安德鲁·佩尔顿，他是《拿破仑·希尔的黄金法则杂志》的广告商。佩尔顿看了希尔的书后，很快便答应为他提供印刷和出版此书的资金，并支付了一大笔预付款。

希尔每天花十二到十八小时在打字机上重新打印并修订他篇幅巨大的草稿。就像他当初创办《拿破仑·希尔的黄金法则杂志》时一样，他不仅亲自敲下这本长篇巨著的每个字，同时独立完成了书的编辑和校对工作。结果，他得到了一份更生动、更有感染力、质量更高的稿件。他花了三个月的时间完成了此书的修订，他对最终的产品十分满意，并对他的妻子说这个版本"比原先的好了百倍"。整部作品被分成八卷出版，书名为《成功法则》。它是有史以来最全面的关于成功的书。

成功的规律

这部八卷巨著一开始以超过三十美元的价格出售。虽然这在当时是笔不小的数目，但这本书仍旧销量极高。希尔在1928年收到了《成功法则》给他带来的第一张版权费支票。而到了下一年年初，他平均每月的版权收入达到了2500美元，在1929年这是笔巨款。

虽然《成功法则》在一开始遭到了出版商们的拒绝，但是读者们对它的接受程度远远超过了对当时市面上其他的自我提升类书籍。希尔认为它不仅仅是一本书，他将它视为如何在生活的道路上走在他人前头的指引。希尔在《成功法则》中写的所有信息都来源于对美国最成功的人士的采访和研究，就像当年卡内基引导希尔做的那样。法则可以被解释为规律，但是希尔提出《成功法则》，却是根据在资本主义社会中获得成功所总结出来的事实和认证。之前的出版物中没有任何一部能够与《成功法则》相比。

从《成功法则》中获取的利益让希尔能够在 1929 年买下一辆劳斯莱斯轿车和一片位于纽约州卡茨基尔山的 680 英亩土地。然而，很快，大萧条夺走了希尔的大部分财产。到了 1930 年，每四个美国人中就有一个人失业。

在这严峻的经济萧条时期，希尔收到了一封来自白宫的信——美国政府需要希尔的帮助。那是 1933 年，富兰克林·罗斯福刚刚出任美国总统。希尔为罗斯福总统那些著名的演讲的创作提供了大量建议，这些演讲都是为了激励全国上下情绪低落的人民不要放弃希望。正因为希尔对总统的需求全力以赴，他获得了政府的赏识。

在结束了为罗斯福政府的服务之后，希尔收到了越来越多的讲座和演说邀请。再加上《成功法则》大获成功，希尔比以往更加忙碌，他开始在全国各地做巡回演讲。

思考致富

1937 年，希尔即将出版他最有名的一本书《思考致富》。他一开始想把这本书命名为《致富十三步》。在重写了三遍后，希尔终于开始寻找出版商。还有谁比安德鲁·佩尔顿更适合呢？毕竟他出版了《成功法则》，为他自己和希尔都带来了一小笔财富。

佩尔顿答应出版这本新书，却想将书名改为《石块变金砖》。但是经过希尔的不断劝说后，这本书最终以《思考致富》的名字出版，并且很快获得成功。

出版商将此书定价为 2.5 美元，这在 1937 年算是比较贵的。但就算是在经济低迷时期，这本书首次印刷的五千本仍旧在几周内销售一空。《思考致富》出版后不久，一家保险公司就买了五千本书，导致后来直接加印了三万本，而这一切都发生在 1937 年 8 月前。

在大萧条结束前，《思考致富》的销量超过一百万本。五十年间，销量则达到两千万本。而在全球范围内，其销量超过了六千万本。《思考致富》成了名副其实的最热卖的自我提升类书籍。

《思考致富》刚一出版就能成为热销书有很多原因，比如人们寻求安慰的需求，以及人们渴望成功的梦想。但很明显，这本书到今天还吸引着无数读者的最大原因，是书中的内容全部来自《成功法则》中的原材料。它根植于安德鲁·卡内基，从长达二十年之久对人们获得成功的因素的学习和研究中汲取养分。希尔为《成功法则》和《思考致富》的创作投入了大量研究时间，因此，它们成为自我提升类书籍中最具原创性的作品。

1938 年，芝加哥一名叫 W. 克莱门特·斯通的销售员收到了一本《思考致富》，他立即对书中的致富哲学产生了极大的兴趣。斯通在实践中成功运用《思考致富》中的理念，一年内，他的销售业绩比前一年增长了十倍。

到 1941 年，希尔加入了威廉·普鲁默·杰克布斯博士的团队，他是长老会学院的主席、雅各布斯出版社的所有人，以及一批南加利福尼亚纺织公司的公共关系顾问。这让希尔的名声更加响亮。希尔是 1940 年在佐治亚州亚特兰大做讲座的时候认识杰克布斯的。他们的新业务要求希尔移居加利福尼亚的克林顿，也就是杰克布斯的居住地。

这次，希尔的工作任务是将他的自我成就哲学改写成一套自我帮助课程，并开设一系列名为"成功之哲学"的讲座。这些讲座最初在长老会学院举办。接下来，则普及整个南加利福尼亚和美国南部其他各州的学校、城镇和工厂。这次工作的用意是推动北方的产业转移到南方。

希尔花了好几个月才完成对成功哲学的改写，他最终写成了十七本小册子，每本平均一百页。他将这些小册子命名为《心理炸弹》。希尔的讲座很受欢迎，《心理炸弹》则由杰克布斯出版社出版。

1943 年，希尔开始了他在加利福尼亚的巡回讲座，讲座很快吸引了大批观众。在此期间，希尔获得了由太平洋国际大学颁发的荣誉文学博士学位。

成功的哲学

1947 年，他在好莱坞的 KFWB 广播电台设立了自己的谈话节目。在节目播出的这三年里，成千上万的普通民众有机会收听希尔讲述他的成功哲学。人们说希尔六十多岁的时候看上去像四十五岁，有着三十五岁男人的魅力和小伙子的精力。希尔的广播节目给他带来更多的演讲机会，无论是在小公司还是大集团。

　　在希尔六十七岁的时候，他仍旧精力旺盛，并应一位牙医的邀请前往芝加哥做一场演讲。这场在牙医集会上的演讲改变了希尔的生活，也改变了千千万万人的生活。

　　在观众席中，有一位叫 W. 克莱门特·斯通的商人，正是他在几年前将《思考致富》一书介绍给了那位牙医。这些年来，希尔处于半退休状态，但斯通提议与希尔一起将成功哲学进一步传播开去。

　　于是，斯通和希尔创立了拿破仑·希尔学会，将成功的哲学带给诸多销售行业群体。后来斯通是这样描述此举的："就像他与拿破仑·希尔意外中了头奖。"斯通和希尔一同出书、开课、做讲座、录制广播节目，并且最终有了自己的电视节目。

　　两人创业后的两年内，他们出版了教科书《成功的科学》，后来改名为《积极心态：成功的科学》。

　　在他们接下来的人生中，拿破仑·希尔和 W. 克莱门特·斯通一直坚持传播成功的哲学，来为他人造福：

　　1953 年，斯通和希尔出版了《如何提高你的薪水》一书。

　　1954 年，斯通和希尔着手创办了一份小型杂志《无限成功》。每期杂志都包含来自这两位商业人士的励志名言。

　　1959 年，希尔庆祝了他七十五岁的生日，但他仍旧到处演讲，甚至到了波多黎各、澳大利亚和新西兰等地。这些讲座通常都是由他和斯通共同完成。

　　1960 年，希尔和斯通合著了一本新书《通过积极心态获得成功》。这本书很快成了自我提升类书籍中的经典之作，在美国的销售量超过了六十万本。现在《通过积极心态获得成功》在世界各地发行，销量仍旧居高不下。

1962年，希尔与他的最后一任妻子安妮·卢成立了拿破仑·希尔基金会，这是美国最富有的人具有长远眼光的体现。基金会的特别之处在于它致力于提倡个人成就，激励人们克服困难获得成功。

1967年，在希尔85岁的时候，他出版了《心静的力量》。

拿破仑·希尔基金会最初的信托人包括斯通、查尔斯·约翰逊博士、安妮·卢·希尔的侄子和西弗吉尼亚议员詹宁斯·伦道夫（自从1922年希尔在伦道夫的塞勒姆学院发表毕业演讲起，伦道夫就是希尔的忠实拥护者）。

小迈克尔·J.里特在斯通的联合保险公司做了五十二年的副主席，和斯通及希尔一起撰写、推广和记录这两位伟人的成就。小里特因此成了拿破仑·希尔基金会的首任执行董事。

如今，拿破仑·希尔基金会仍旧坚持希尔在一百多年前开始的事业。如果希尔和斯通能看到他们的著作在全世界范围内影响深远，一定会感到十分欣慰的。

我们真诚地希望你也能从这些百年之前的话语中受到启发，其中的智慧并不受时间的限制。请注意，我已经在这些演讲稿和信件前写下了我的评论作为简介，为你提供一定的背景资料。

我们很荣幸能在接下来的内容里为你呈现这些从未写入书籍的伟大演讲，它们都来自举世无双的拿破仑·希尔。

——唐·M.格林

拿破仑·希尔基金会执行董事

Chapter One

分析一万人之后，我学到了什么？

　　1917 年，拿破仑·希尔任职于芝加哥的乔治·华盛顿学院。在此期间，他的讲座主题包括"销售课堂""应用心理学""分析一万人之后，我学到了什么"和"那个曾经没有任何机会的人"。希尔对他的每一个演讲主题所涉及的领域都了如指掌。"销售课堂"无疑取材于希尔早前向销售员授课的经历。对希尔的事业熟悉的人一定知道，他一生的大部分时间都是靠教授销售技巧谋生的。许多顶级的销售员，比如杰弗里·吉特默（他以多本关于销售知识畅销书闻名，其中包括《销售红宝书》），都认为希尔的著作中，那些关于销售的书籍是他最优秀的作品。

　　希尔的"应用心理学课程"则建立在他多年来对此领域的广泛学习和热情的基础上，他对应用心理学社团的创始人沃伦·希尔顿博士的作品尤其欣赏。希尔顿博士在 1914 年完成了一套十二卷的巨著，希尔常常引用其中的段落。

　　这篇《分析一万人之后，我学到了什么》的演讲是 1908 年希尔在接受安德鲁·卡内基的提议后所开展的工作的总结。希尔采访了卡内基、托马斯·爱迪生、乔治·伊士曼、亨利·福特和其他当时的著名人士，来研究他们成功的方法。在这之后，他还对无数其他的人物进行采访，寻找他们失败的原因。这些采访通常是以问卷调查的形式进行的，他往往在演讲和课堂上或通过信件传发问卷。

希尔会在一台 L.C. 史密斯打字机上打印出课堂上会用到的演讲稿，然后将它们发给乔治·华盛顿学院的学生。希尔在 1917 年教授了这堂课。他这份签署了"拿破仑"名字的演讲稿在拿破仑·希尔基金会的档案馆里珍藏了超过九十年。

在这堂"分析一万人之后，我学到了什么"的课上，希尔总结了成功所必需的五种要素。希尔将"自信"和"热情"列为获得成功所需要的最重要的要素。位列第三的成功要素是"明确的工作计划"，也就是他有时候说的"生活的主要目标"。现今，我们或许会用"有价值的目标"来形容此必需品。第四种要素是"保证服务的价值永远大于自己获得的报酬的工作态度"。这种要素与他"比别人加倍努力"的工作原则相辅相成，此原则要求你在无人监督的情况下工作，以及在没有明确指示的情况下产生超出预期的工作结果。希尔将"专注"列为第五种所必需的要素，提出这是取得任何成功的必要条件。

——唐·格林

在过去的八年时间里，我分析研究了超过一万名努力在这个世界上寻找适合自己职业的男男女女。有趣的是，在这过程中，我发现了一些人们想要获得成功所必需的要素。在这篇文章中，我将会详细讨论其中的五种要素。

除此之外，我也发现了一些能够击垮人们的心灵、将他们推向失败惨境的因素。我真诚地希望每个阅读这篇文章的人能够从中获取一两点有益的建议。我把我的研究成果用书面形式记录下来，完全是因为我深切地希望自己能为他人的生活道路砍掉一些荆棘。

我的目的是用尽量简洁明了的话语将我的研究成果——尤其是那些我认为能够帮助你**规划**并**达到**你的人生"主要目标"的研究成果传授给你。我并非打算向你灌输某种教条。我的所有建议都建立在我分析研究后得出的结果之上。

我认为我个人的故事会对你有益：二十年前，我只是一名体力劳动者，拿着一天一美元的工资。我没有家也没有朋友，几乎没有上过学。那时候，我的未来看上去一片灰暗。我心灰意冷，我没有梦想，我找不到生活的真正意义。放眼四周，我看到的全是被生活压得不堪重负的人，既有年轻人也有老年人——我便是其中的一员。我就像海绵吸水一般吸收着我周围环境中的负能量。我成了这个灰色日常的一部分。

那时候，我从未想过自己会取得任何成就。我一直觉得自己的人生角色就是一名体力劳动者。我就像一匹嘴里被塞着马嚼子、背上扣着马鞍的老马。

后来，我事业的转折点出现了。请好好看！一句意外之言——毫无疑问是在半开玩笑的情况下说的——让我毅然决然地吐出嘴里的马嚼子，甩掉背上的马鞍，像年轻的马匹一样"挣脱枷锁"。这句话是当时一个和我住在一起的农民说的。要是我能活到一百岁，我也不会忘记这句话，因为它为我搭建起了一道几乎所有人都想跨越的峡谷之间的桥梁的基础，这道峡谷的名字就叫——失败！

那句话是这样的："你是个聪明的孩子。真可惜你不能去上学，而是在这里做着一天一美元的粗活！"

"你是个聪明的孩子！"这是我一生中听到的最动人的话。

这句话激起了我人生中的**第一个梦想**，而且巧合的是，这也是我创立的个人分析系统的直接起源。在那之前，从未有人暗示过我"聪明"，我一直以为自己十分愚笨。事实上，有人真的说我是个蠢材。小时候，我不管做什么事都做不好，这很大一部分原因是我身边的人总是嘲笑我，总是阻止我做我喜欢的事。他们为我安排工作，他们为我选择学习的课程，至于玩乐——他们告诉我玩乐纯粹是浪费时间。

由于我对生活中的不利因素有着深刻的理解，以及对普通人往往根据自身的不利因素选择职业这一现象的认识，几年前我开始创立一套帮助人们尽早"认识自我"的体系。我的努力获得了丰厚的回报，因为我帮助许多人找到了最适合他们的工作，从而带领他们踏上了通往幸福和成功的道路。我也帮助许多人获得了在这篇文章中提到的多种成功的要素。

成功最重要的两种必需要素

首先，我要在开场就向你说明**成功所必需的五种要素中最重要的两种：自信和热情。**其他的三种我会在后面做详细解释。

在我分析研究的一万人中，整整百分之九十的人都缺乏这两种要素。我研究了许多心智健全、精力充沛的人——他们往往受过良好的教育，有的还是大学毕业生，却和我听到农民对我说"你是个聪明的孩子"那天一样彷徨无措。

在帮助这些缺乏自信的人时，我首先要做的就是将他们从自身中拯救出来。用形象的话来说，他们必须被拽到一片空地上，挣脱枷锁，就像桀骜的马匹那样。他们必须找到自己真正的力量。他们必须意识到他们的弱点只存在于自己局限的想象中。然而，帮助人们做到这一点的方法却因人而异。

一个成功的人和一个失败的人之间的差别并不在智力上。更多时候，会不会运用潜在的能力才是成功与失败的关键。我并非只是提出了一个猜想，我说的全是事实！我通过分析研究不同的人总结出了这个道理。通常来说，一个发展并运用其潜在能力的人拥有着强大的自信。

什么是自信？让我来告诉你它是什么：它是那扇小小的玻璃窗，透过它，你能看到你身体里真正蕴含的力量。自信就是自我发现——了解你是谁，你能做什么。它是恐惧的克星，它是内心的勇气，它是通过常识点亮智慧的开关。

自信加上热情和专注成就了世界上最伟大的发明：白炽电灯、汽车、留声机、飞机、电影和其他了不起的机械。

> **自信是创造所有不朽成就的重要因素。**

所以说，自信是创造所有不朽成就的重要因素。是的，这是一种我们最欠缺的要素——尽管很多人并不承认这个弱点，但它的确存在。一个没有自信的人就像一艘没有船舵的船：他找不到正确的道路，只能虚度光阴。

我多么希望自己能够告诉你如何获得自信心，然而我无法做出这个承诺。不过，我为你们提供这条建议：我第一次听到有人对我说"你是个聪明的孩子"那天，迈出了获取自信心的第一步。那是我人生中第一次感受到梦想拽着我的袖口催我前行，随之而来的便是源源不断的自信。

我的一个好朋友在三十五岁的时候成了一名著名的牙医，其成就源于他的妻子对他说的一句话。当他为他妻子的假牙做检查的时候，他妻子对他说："你也可以做出这么一副漂亮的假牙。"于是从那天起，他就每天练习制作假牙，很快，他从一名碌碌无为的农民变成了事业有成的牙医。

在我授课的班上有一位受过良好教育的年轻人，但是直到前阵子，他都是班上成绩最差的学生。他能力非凡，却对学习缺乏自信。几周前，他遇到了一位姑娘，并深深地坠入爱河。她对他说她**相信他的能力**。他十分珍视她的话，于是，他开始逐渐变得自信。仅仅三周时间，他就脱胎换骨成了另一个人。他现在是班上最优秀的学生之一。

另外，**衣着对一个人的自信心也有极大的影响**。不久前，一个人因为我的分析研究项目来到我的办公室。他之前有一份体面的工作，但是不可控制的外界因素让他失去了这份工作。我问他他当时有多少钱，他说："七十五美元。"我让他将其中的三分之一拿出来买一套新西装。但他拒绝了我的提议，说他"买不起"。但是我坚持我的意见，并随他一起去买衣服。接着，我又建议他去鞋匠那儿将他鞋子的鞋跟修好。之后，我让他把鞋子上油擦亮，剃除胡须，修剪头发。接着，我带他去见了一家大企业的主席，他最后以三千美元的年薪被这家公司聘用。

如果我没有事先让他换上新西装全身上下打理整洁便去参加公司面试的话，他无论如何都无法得到那个职位。因为他不会有强大的自信心。**质量上乘的衣服、干净的衣领、上油的皮鞋和整洁的面貌并非奢侈品，它们对一个与商业人士打交道的人来说是必需品。**

这些是我知道的几个人如何在获得自信的道路上跨出第一步的故事。我学习到：没有自信就没有梦想，此两者是携手并进的。

没有热情你将一事无成

成功所必需的第二种要素是**热情**，这股动力能将自信化为行动。我们可以将热情比作推动火车前行的蒸汽。即使是世界上最先进的火车头，若没有蒸汽，就算燃料库内装满煤炭，工程师们在车厢内严阵以待，也只能在车轨上一动不动地停着。它的车轮无法转动——它什么也做不成。

人就和这台机器一样。如果没有热情，你将一事无成。自信和热情这两种要素的欠缺是阻止大多数人获得成功的原因。这句话并非仅仅是我个人的猜测，我在上千个例子中证明了其有效性。如今，我能在一周近百个案例中证明它是正确的。热情是无法伪造的，只有真实的热情才能让你走向成功。当你找到了你能够全身心投入的职业，也就是你热爱的事业，你的热情自然而然就会产生。

目标明确

成功所必需的第三种要素是**目标明确**——心怀人生"主要目标"而工作的生活态度。

在我作为职业规划师的工作生涯中，我发现大多数人并没有这么一个计划。一个没有明确计划、坚定目标的人，在工作中是无法脱颖而出的，他们中大部分人只能在原地徘徊。我的所有研究对象都必须先填写我的个人分析表，表中有这样一个问题："你人生的主要目标是什么？"

在收集了这些表格后，我发现每五十个人中只有一个人对这个问题给出了类似"主要目标"的答案。真正拥有有意义的目标——无论是主要目标还是次要目标——的人更少。即使这样，几乎所有的分析对象都渴望成功。但是对于什么时候获得成功、如何获得成功或在哪一领域获得成功，大多数人都没有答案。

　　几周前，我站在窗口看着几个工人在一幢摩天大楼上作业。那是一栋巨大的建筑，比周围的其他楼房都要高出许多。一架电梯降了下来，将一根钢梁带到它应该去的位置，然后那些建筑工人立即使钢梁成了那栋巨大建筑永久的一部分。

　　就在这时，一个想法在我脑中浮现：这栋大厦不过是砖块、木材、钢梁和其他建材的总和，只因为它根据一个**明确的计划**搭建起来而如此伟岸！这个想法也可以用于分析走在成功路上的人。**那些"位高权重"的人之所以有现在的地位，就是因为他们出色地完成了一系列小任务。**

　　几乎所有人都渴望"高位"，但是一百个人中也不一定有一个人知道如何获得"高位"——即使能力出色之人也是如此。然而"高位"并不是挂在树上的果子，等着被第一个发现它的人摘下来。它是由许多我们之前成功完成的任务或担任过的职位堆积起来的——并不一定是在许多不同的公司，但一般而言至少在一个公司里工作过。搭建一个高高在上的社会地位就像搭建摩天大厦一样——一开始制定一个明确的计划，然后根据计划动工，一步一步直到任务完成。

　　此规律的例外是那些通过"拉力"获得"高位"的人。大多数规律都有例外，但是你要扪心自问："我是否真的愿意过这样的生活，靠消极等待来'拉拢'机遇，从而获得成功？"看看你的四周，我敢说你找到的成功人士中，几百个人都是靠"推力"走向人生巅峰的，而只有一个是靠"拉力"成功的！

> **若没有明确的目标和计划，
> 你是不会取得成功的。**

　　成功的种类很多，就跟人们对成功的定义不同一样。但不管你对成功的理解是雄厚的财力，还是为人类做出杰出贡献，抑或两者皆有，如果没有"主要目标"，也就是明确的目标加上为达到目标而制订的明确的计划，你是无法获得成功的。

　　建筑师总是先在心中创作一幅建筑的理想图，再把构想细致地转移到蓝图上。若没有这两步，没有哪位建筑师敢开展项目。同样，如果没有对未来的明确计划，没有哪个人能创造有价值的成就。

　　作为职业规划师，我在工作中发现一百个人中只有一个人对一年后的生活提前做了计划；而对五年后的生活有计划的，一千个人中只有一个。到现在为止，我还没有遇到哪个人对未来十年有计划和打算！

　　你是不是问过自己，为什么世界上百分之九十五的人为另外那百分之五的人打工？你是不是问过自己，为什么有这么多的男男女女一生辛劳，却在晚年鲜有积蓄？你是不是问过自己，为什么只有少数几个人能获得成功，而大多数人都以失败告终？

　　如果你能够认真地审视自己，诚实地检查自己是否拥有自信、热情和明确的生活目标或"主要目标"，那你一定会找到答案的。

选择适合自己的职业

我研究的人中有很大一部分并非通过自主选择而获得他们现有的工作，他们的职业全来自偶然。就算是那些有意识地选择自己职业的人，大多数也没有通过最基本的自我分析。他们从来没有停下来问问自己，他们现在的职业是不是最适合他们的职业——无论是从天分还是从受教育程度来说。

举个例子，一个我最近分析的年轻人之前一心攻读法学，但他却是一名不合格的律师。他之所以没有获得成功是因为：第一，他在跨入职场后才发现他并不喜欢做律师；第二，他在律师这一行业完全没有天赋。他生理上有缺陷，这就让他在法庭和陪审团前留下了不好的印象。他缺乏热情，缺乏"人格特征"，因此他无法成为一名合格的律师。像他这样的人或许能成为一名不错的咨询顾问或"办公室律师"，但绝不可能是出庭辩护律师，因为辩护律师必须拥有鲜明的人格特征和强有力的说话态度。

这个案例中让人咋舌的是，这位年轻人一直无法理解为什么他不能成为一名成功的律师。在我向他指出横在他与成功之间的那些消极因素后，他一下子就明白了。当我问他他一开始为什么想读法律的时候，他说："嗯，我就是有种预感，我会喜欢法律。"

"我就是有种预感，我会喜欢法律！"根据预感来选择你的职业是件危险的事。你不会根据"预感"来赌马，你肯定会看看这匹马在跑道上的表现。你不会根据"预感"来买捕鸟猎狗，你肯定会看看它的捕鸟水平或了解它的血统。如果你这么心不在焉地选择捕鸟猎狗，你或许会发现自己买了条斗牛犬来捉鸟！

我曾经分析过的一名法庭记者告诉我："我十五年的工作经验告诉我，陪审团很少根据被告下定论，他们看的是律师。哪个律师能够给人留下最好的印象，哪个律师就能赢。"任何熟悉庭审的人都知道这些话太对了。所以，你能看出，"人格特征"在法庭辩论中扮演着多么重要的角色。

职业规划师的生涯让我知道许多失败的事业都缘于人们凭"预感"选择商业伙伴和开展商业项目。一个能够成为优秀工程师的人却从事着食品杂货业务，或者一个本来能够成功经营食品杂货生意的人却进入了工程行业。这两种情况的结果往往是失败。

另外一个人们常犯的错误是从他们的朋友或与他们相似的人中选择合伙人。几年前，三个年轻人建立了一家公司，开始创业。他们之前都是各自公司里的高管，这些公司和他们建立的公司在同一个行业。他们有足够的资金，但他们犯了一个致命的错误：他们没有为公司选择一位成功的销售经理。这三个年轻人都是了不起的投资家，但是他们需要的不仅仅是投资家，他们需要"业务"！一个理想的商业组织由以下几部分组成：一个投资家、一个有能力的销售经理，以及一个经验丰富的买手。所以，如果他们能雇用一些拥有他们所没有的能力的人员，他们的生意或许会有起色。

每个公司都需要不同类型、不同性格和不同能力的人。一种人保持公司巨轮的平衡，另一种人则控制公司的发动机。两种类型的人结合才能组成一个理想的公司。

卡内基先生说过他的成功主要缘于他用人的本领。弗兰克·A.范德利普先生和约翰·D.洛克菲勒先生也说过同样的话。如果你花点时间分析你所知道的所有成功人士的话，就会发现，他们要么拥有其所在行业所需的所有成功要素，要么深谙如何雇用有才之士来弥补他们自身的不足——这些人往往是他们的反面。

自称销售员的人中大概有百分之五十都形象不佳，有的性格软弱，有的说话有气无力。一个销售员面对他的潜在买家时，他是积极地还是消极地影响买家取决于他的人格特点和他的谈吐举止。一个有生理缺陷的人或患有口吃的人的形象是消极的，他最好还是不要做口头销售的工作。如果他靠写作服人，或许会成功——但是面对面的销售，他绝不会成功！

通常，一个政客的个人形象和他的谈吐是赢得追随者的关键。如果你光读比利·桑代的布道词而不是听他讲道的话，你会觉得奇怪：为什么他能感动成千上万的人？若不是他富有魅力的人格和他个性十足的演讲方式，他的布道会显得平淡无奇，甚至令人厌烦。

认清付出与回报

成功所必需的第四种要素是**保证服务的价值永远大于自己获得的报酬的工作态度**。大多数的人都不愿意做他们认为超出其薪酬范围的工作。在我所研究的人群中，有百分之八十的人都因为犯了这个错误导致事业无起色。

　　要是你听到一个人说："他们没给我钱做这件事，所以我不会去做它的。"那么，你不必担心在职场上和他竞争。他永远不会成为你强劲的竞争对手。但是你要注意那些即使到了下班时间也不会对他未完成的任务不管不顾的人，还有那些不完成任务不离开办公桌的人——这样的人会"挑战你的岗位并在职场上超越你"，我在这里引用了安德鲁·卡内基的话。

　　在谈第五种也就是最后一种成功所需的要素前，我请求你们容我跑会儿题。在我完成这篇演讲稿后，我决定测试我在这篇演讲稿中提到的五种要素的有效性，我想知道它们是不是和其他职业指导人的经历相吻合。于是，我带着这篇手稿去拜访芝加哥的 J.M. 菲茨杰拉德博士，他或许是当今世上最杰出的职业规划师。

　　菲茨杰拉德博士和我一起逐字逐句地审阅了这份稿件，在获得他的准许后，我可以在此说：他对我提出的成功所必需的五种要素完全赞同。他说，它们与他的个人经历完全吻合。不过，在我们审稿前，我请菲茨杰拉德博士列出他发现的阻止他的研究对象获得成功的消极要素。他给了我一个迅速、明确的答案：

　　（1）缺乏自我认知能力。很多人缺乏自我分析和找到最适合他们的职位的能力。

　　（2）缺乏高度专注的能力，缺乏投入大于回报的工作态度。

　　（3）缺乏自我约束的能力。

菲茨杰拉德博士亲自分析研究了超过一万五千个人。很多中西部的大公司在聘用高层雇员时，都会请菲茨杰拉德博士对应聘者做分析。他曾经把会计室的人带到高层管理人的位置，也曾经在短时间内将普通职员培养成经理，这些完全是通过精准的个人分析将他们引向正确的道路。

我之所以提及这些关于菲茨杰拉德博士的成就的事，是因为我想让你们知道我在这篇演讲中提到的个人经历并非只基于我的推测——它们是真实的，它们是被世界上最伟大的个人分析师验证过的。你们一定要记住，我的演讲中提到的五种要素是通过对两万五千个人的分析研究总结、提炼出来的，其中的一万人是由我分析的，另外一万五千多人则是由菲茨杰拉德博士分析的！

专注的力量

现在，我将讨论第五种也是最后一种我在研究过程中发现的成功所必需的要素。我在之前提到过它，我在将来也会无数次地提到它，因为**它是五种要素中最为重要的一种。**

最后一种成功所必需的要素是专注！

你们最好在此时此刻就告诫自己，**如果你想在任何领域获得成功，你必须专注。**

你或许拥有在某一领域成功所需的所有知识，你或许是一本行走的百科全书，你或许受过高等教育，你或许有丰富的经验，但如果你无法系统地利用你的能力，那么它们对你和对这个世界来说是一无所用的。

我们学校里有一个涉足多个领域的天才。他是个出色的木匠，他还是我见过的最棒的电气工程师，也是个厉害的管道工；作为一个工程师，几乎无人能与他匹敌；给他一把刷子，他是一位艺术家；他的装修才能一流；等等。但是，不管怎么样，他仍旧只干着一份每周十八美元的工作！

如果他将他所有的时间都花在做电工上，他一周可以轻松赚到三十美元或者更多。然而，他却坚持在各行各业都插一脚。他完全没有专注的能力！

学会专注

我不必再举其他例子来说明专注是成功的重要因素了。你们和我一样对此有深刻的理解。你们想知道的是："**我怎样才能学会专注呢？**"

我将在《打开成功之门的伟大魔法钥匙》中，讲述我对如何学会专注的观点。现在，我想告诉你们美国最著名的心理学家之一沃伦·希尔顿博士提出的对"专注"的科学解释（在你阅读希尔顿博士的观点之前，我想告诉你他的解释得到了许多著名人士的认可，比如已故哈佛大学教授雨果·芒斯特伯格、耶鲁大学教授乔治·特兰布尔·莱德、约翰霍普金斯大学教授奈特·邓拉普和其他许多有名的心理学家和科学家。他的解释建立在应用心理学社团在实验室里开展的生理和心理测试之上）。

总体来说，专注可以解释为"将所有注意力集中在一个中心或一个焦点上的行为"。所以，心理学上的专注是将心智集中在一件物品或一个观点上。

我们这里提到的专注是非常普遍的现象。你的个人特征或性格是由你不断尝试集中精力所产生的一点一点进步的结果组成的。你在任何话题上的信念，从宗教到政治，都是你集中精力后产生的结果。

所以，你所坚持的所有信念被过去的某种复杂思维包裹和珍藏，它成了你性格的一部分。它会以其固有的能量对抗任何相反的信念在你心中生根发芽。

一个母亲的训诫会在她的孩子心中留下极为深刻的印象，所有相反的知识和心理冲动都会被隔绝。一个真正虔诚的人不会接受任何与其宗教信仰相背的理论。只有最强有力的证据才能击垮一个人对他朋友的信任。

生活由经验组成。每个经历对你的行为和性格的影响，取决于你对其专注的程度。

因此，记忆中的每一个想法都会将心智带给当时、当地所发生的事和所涉及的人，这个想法对心智的影响程度则取决于回忆的清晰度。

你所爱的人在你记忆中的声音能让你的思想专注于那些与你爱的人有关的东西。每个广告、每个橱窗、每份招股书、每个商人的妙计、每个销售员的引诱，它们的有效性取决于它们对你的专注程度的影响，取决于它能吸引你多少注意力。

一个想法在你的意识中显现并不是专注。如果你对一个人说那片草地上飘过的白色雾气是个幽灵，这个想法会在他的脑中暂时留下鲜明的印象，但有可能你只不过是成功将他的注意力转移到了一个虚幻的概念上。但是，如果他相信灵魂的存在，被你的话吓得胆战心惊并坚信自己见到了幽灵，那么一个科学意义上的意识专注便形成了。

并不是所有出现在意识中的想法都会转变为信仰或行动。在第一个场景中，虽然"幽灵"这个概念在他脑中鲜明地存在，但是一些与之矛盾的想法和冲动同时存在，并否认这个新的想法的真实性。在第二个场景中，他的所有意识都倾向于接受你带给他的"幽灵"这一概念。他的脑中没有对立的概念。他接受了这个概念，相信其真实性，放任他的心理冲动做出反应，于是他出现了相应的生理反应。

从专业的角度来说，专注是对一个想法的信任，这个想法同时是专注的一部分。这种信任释放心理冲动，并引起相应的生理行为。

那么，我们应该如何定义专注？简单来说，**专注是意识对一个想法的集中，若此想法完整，那么它就会胜过所有其他相反的想法，并进化为一种信仰，这种信仰有控制行为的能力。**

我们说的"完整"是指这个想法必须在意识中占有无可争议的控制地位。在这种情况下，这个想法会被意识吸收，并成为人格的一部分。你将它视为事实，你相信它。这个信仰成了你性格的一个组成部分，它是"你自己"。

所以，我们可以说有效的专注会产生伴随着**生理行为的信仰**，此生理行为往往是对信仰的具象化。占有统治地位的坚定的信念和强大的意念往往是专注的直接产物。

专注会在两个方面对你有利。

1. 它会带给你关于某些事物的详细、特殊的知识，让你成为这一领域的专家。

有一个关于阿加西的故事：他曾经把他的学生关在一个放着海龟头的房间里，一直关了好几天，直到他们学到了所有关于海龟头的知识后才把他们放出来。其中一些学生在几个月的孤独钻研后的确学到了关于海龟头的所有知识，但有的却没有。那些成功的学生养成了专注的习惯，他们配得上阿加西给他们的"自然学家"的称号。那些没有成功的学生则被永远从"荣誉和生活之书上抹去"。

学习，然后去专注。没有它，你在任何领域都无法获得知识。这是一个专家的时代，而获得专业知识的关键在于每件事上都有细致入微的知识。

很少有人意识到透彻了解某个领域的知识在成功人士的生活中所扮演的角色。百万富翁所挣的每分钱都来自他在所有小事上都比别人做得更好。

平庸之人是肤浅之人。他的人生格言是"表面大于实际"。他甘于"做得还可以"，并对"还可以"有一个相当低的标准。他的竞争者只需要拥有一点点更透彻的知识，就能超越他。

你今天所做之事便是对明天要做之事的准备。如果你在做每一件事时都抱着"事关人命"的态度，那么你的办事能力也将逐步提高。

事实上，认真细致是让你成为人上人的关键，而认真细致的秘诀在于内心的专注。

2. 专注能让你全力以赴追求你的目标，不达到目的不放弃。（这是两者中更为重要的一点。）

你的意识活动是有生命的，它是一股不断旋转、动荡的激流。

直视你的内心，观察此时此刻的情状。你会发现你自己在糅合、在发现、在关联、在选择和培养一部分观点、情感或冲动，而无视千千万万其他的方面。

这种行为叫作下意识。它绝非漫无目的的，它不会消极地游荡在生活的山峰峡谷之间，任由自己成为周围环境的一部分。它是一股能在特定情况下冲上山顶的气流。它是拥有"信念"的意识；它是竭尽全力保护你的人格的意识、鼓励你自由发展的意识、创造你的辉煌未来的意识。

养成专注的习惯

养成为达成一个目标而专注做事的习惯，这样你会逐渐成为这个领域的典范。你会逐渐了解评估你的生命价值的标准。

养成在一件事上集中精神的习惯，你会得到完整、收放自如的力量。你会自然而然地将自己与没有意义的活动隔离开。你会远离沉溺于玩乐的危险，也会远离一切有碍于你达到目标的障碍。你会远离情感上的浪费。你会用别人花在愤怒气上一小时的精力创造成功的一天。

养成在一件事上集中精神的习惯，你会获得自如掌控内心的能力的精髓。

你会拥有一个高效运行的内心机器。一台润滑的机器能够自动工作，没有摩擦，没有蛮力，几乎没有苦思冥想。

这并不意味着你将会失去点燃伟大成就的星星之火的热情。最高阶段的专注意味着对一件事全心全意、热情激昂地投入。它意味着一个人的内心达到了圣人保罗所描述的"炽热"阶段，也就是"精神沸腾"。

百分百的专注意味着一个人身上每一个原子的能量都集中在一件事上，它是效率的最高境界。

通常，你的情绪和欲望会用尽你的精力，让你在无意义的事上累得精疲力竭。

将你的精力和能力有计划地集中起来后，那么只剩下一个问题需要回答了："我的目标是什么？"

成为一个专注的人，你便会成为一个有用的人，对你的终极目标始终充满信仰。

成为一个专注的人，你便会拥有心理上的协调、平和与统一，它们能让你俯视躁动，将你从摇摆不定、郁郁寡欢中解放出来。

你必须专注于一个目标，将你的梦想放置在你的眼前，这样你就不会在向目标前进的道路上迷失方向。只有与你的梦想相关，生理冲动才会在行动中产生。

你必须专注于一个目标，如此你将会拥有理性分析生活中的机遇的能力。你将会敏锐地、自然地、毫不犹豫地选择那些有益于你的目标达成的机遇。你将会明智地接受一部分乐趣和消遣，而对其他的视若无睹。你将会有一把精准的尺子来度量奢侈之物与必需品之间的差别。

你必须专注于一个目标，在最出乎你意料的时候——你一定要坚定信心。你会看到并抓住你的机会，一击取胜。

这就是成功的法则。这就是林肯在说"**我不停地学习并提升自我，总有一天机会会降临**"的时候所传达的意思，虽然两者并非以同一方式表达出来。

你能够改变他人的想法吗？同样的原理适用于此。你将要面对的人其实就是一个待解决的难题。请应用阿加西的方法。你必须考虑你的对手的品位、偏好、情感、习惯和兴趣。你必须评估他的憎恶、决心、偏见、惯性和排斥。就和你一样，他是一个有意识的、冲动的、压抑的生物。

绝不要试图改变他的心理压制，绝不要使用强硬的手段。

你的任务是巧妙、柔和地让他漠视那些通常会激起他反感的事物。不要在试图赶走他内心对你不利的想法上浪费时间。

他的内心意识是由一系列不停息的活动组成的，它必须保持活跃。赶走他心中不利于你的想法的最佳手段是将其他的想法填充到他的内心。所以，让他把注意力集中到你和你的目的上，如果你能做到这一点，那么你的任务就完成了，你就赢得了战斗的胜利。

"你操纵事物的能力，"沃尔多·P.沃伦说，"主要取决于你的立场。我永远不会忘记我第一次看到摩天轮的情形——那是两场世博会上的亮点。

"让我惊叹的并不是它的大小，而是尽管它巨大无比，却只靠一个小小的发动机运转。不像大多数靠来自圆周的动力运动的转轮，这个转轮的动力来源于它的中心，靠杠杆原理带动这个一百八十英尺高的摩天轮转动。同样的力量若被施加在轮轴上，它连推动这个巨轮前进一英寸的动力都不够。

"杠杆原理并不只适用于机械——它是人类有史以来所产生的最基础的思想之一。

"当你的游说遇到困难时，不管这困难是无知、偏见、不公还是迟疑，请记住杠杆原理。你一定可以使出一招，激活一连串的事态发展，并最终铲除困难。不要把自己局限在沉重转轮的轴辘中——推动一个小齿轮，让整台机械都运作起来。"

影响他人就和掌控自己一样，**高效率的真正考验、成功的秘诀根植于集中注意力的能力！**[1]

专注的艺术

"啊，但是怎样才能做到专注！"你也许会这样说，"先不提集中他人的注意力，我连自己的注意力都无法集中。"

我的朋友，请耐心些！你即将学到专注的艺术。的确存在一些方法和策略，如果运用得当，就能让每个人都获得专注的力量。但首先，你必须意识到这件强大武器的影响力。你必须了解科学运用这件武器背后所包含的步骤和原理。

我希望你们能以敬畏的心态学习这些伟大的真理，这不仅仅因为它们自身的价值，也因为它们在掌控人类历史进程上所发挥的作用。在这个世界上，一切宗教、战争、艺术、科学和

---

1. 沃伦·希尔顿，《个人和商业效率问题中心理学的应用》，第九卷（纽约：应用心理学出版社，1920）33-50。

崇高的奋斗中所包含的精髓都来自专注，即举世无双的伟人怀着坚定不移的理想为崇高的目标奋斗时所展现的专注。

是专注让亚历山大大帝统治了整个世界，他叹息没有更多的地方供他征服，是专注让孔子穷尽一生诲人不倦，是专注让苏格拉底宁愿饮毒赴死也不放弃他的原则。它造就了琐罗亚斯德，这位比回忆更久远的伟人。它造就了穆罕默德，这位阿拉伯的先知。在它的万丈光芒中，基督教的创始人——拿撒勒人诞生了。就在美国，是专注为我们带来了华盛顿，激励了林肯；是专注建造了世界上第一艘蒸汽船，发明了轧棉机，发现了电报的秘密，使爱迪生成了"电之巫师"；是专注将洛克菲勒和摩根带上了权力的巅峰。是全国上下建立在不动摇信念上的专注，让我们的国家在内战的熊熊战火中完整地保存下来。

> **专注将洛克菲勒和摩根带上了权利的巅峰。**

在这些例子中，没有一个体现了精神力量的"刻意"专注。每个案例中所展现出来的广泛且强大的欲望，是由其他因素而非个人意志所带来的。

如今，刻意的专注，或自发性专注，也就是**专注的艺术**，并非一项新研究，也并非一种新实践。它在历史的舞台上以不同的面貌出现，活跃在不同种族、不同国家和不同历史阶段。

迄今为止，专注作为一种艺术一直被神秘学和未知性所包围，这是因为它的信徒对它只有世俗的认识。他们知道练习专注的策略和方法能为他们带来什么，但他们却不理解他们所看到的结果背后的原因。他们不知所措地站在原地，惊叹专注的强大给他们带来的奇迹，却无法以理性解释这些现象。他们将这些奇妙的结果归结为奇迹或超自然力量。

无论在什么年代、什么环境下，人类总是为能够产生或消灭疾病、拥有或失去和平及强大的自然力量所深深折服。这股看不见、摸不着的力量的特征在不同种族、不同历史阶段都有不同体现。但无论何时、何地，我们都能发现这样一个令人吃惊的事实：地球上所有的人，无论是文明人还是未开化的蛮荒之人，都曾使用过或仍旧使用同样的方法来集中这股隐形的力量。

迦勒底人的先知透过一块发光的玉石的眼睛，看到造物主的神圣旨意和心愿。埃及祭司如此，古波斯麻葛如此，印度苦行僧也是如此，他们都让自己沉浸在谜之慧眼中。基督教早期的一个神秘分支"塔斯克德拉杰茨"，它的教徒们把食指放在脸的正中间、鼻尖之上，通过长久凝视手指来获取神的旨意。阿索斯山的修道院里，希腊教会的修士试图屏蔽凡间的纷扰，通过凝视他们的肚脐来进入圣灵的境界。虔诚的物件崇拜者将他迷恋的目光锁定在一根棍子或一块石头上，由此来获取它们给他带来的力量和精气。安南人看着魔法师在左耳后面绑紧两根火棍，缓慢却充满力量地在原地转圈。

魔咒和敬神仪式，捉摸不透的"神秘现象"和宗教仪式，女巫的咒语和神圣的祭祀，"医师"和"巫毒药师"发出的怪异叫声及鬼画符般的身体彩绘，都不过是人们想象出来击败恶灵、讨好善神的方法。

所有这些活动都有两个共同点：第一，它们都被用于吸引心诚之人的注意力；第二，在吸引了他们注意力后，它们将注意力转化为实现某个希望的信念。它们就像一盏石灰灯一样，靠燃烧众人的虔诚照亮心灵。

所有这一切都只是激发心理专注的策略，而心理专注便是我们之前定义的意识对某个想法真实性的无条件集中。

> ❝ **心理专注是意识对某个想法真实性的无条件集中。** ❞

虔诚之人的祷词，印度教中的"瑜伽派""新思想派"所严格遵守的"沉默"，哲学家的冥想，所有这些都试图在这条基本法则中找到灵验的证据。从东正教徒日常的盘念珠到印度教"圣人"的"空净"灵魂，所有这一切不过是精神专注的不同表现形式和不同的程度。

现在，以这种观点再来想想印度教的神圣性。"瑜伽"直译过来意思是"专注"。它被印度教的玄妙法师用来作为专注或与圣灵结合的符号。据《薄伽梵歌》第四章记载，许多"圣人"为了彻底从身体感官的干扰中解放出来，甚至"在火焰的炙烤下放弃听觉和其他感觉"，另一些则"以节食来奉献自我"。

这些行为和早期基督教苦修士自笞的教规、耶稣在荒野上连续四十日的忏悔和默想、西门·斯提来特在高柱上的苦行生活等在原则上并无二致。所有这些过程都应该被视作帮助人们获得精神专注的策略。

现在，仔细想想跟别人相比你所拥有的掌握专注的艺术的优势。你学到了内心运行和操作的真谛。但现在，是时候通过简单易行的方法将这些原则运用到实际中了。是时候以明确的目的为中心，不断练习专注。你完全不必去探索神秘主义的这片黑暗领域。

你知道你要做到的方方面面。

你将它们当作事实，像对待现代科技的真理一样。

当你用到这些策略时，你便会对它们的有效性深信不疑。你将会对自己的成功信心十足。你会被知识所产生的信仰激励，而非基于玄学和神学的虚幻信仰。

知识的信仰是上帝之子的信仰。耶稣懂得人类精神的力量。耶稣懂得如何救死扶伤，如何用一块面包喂饱一群饥肠辘辘的人，如何传达抚慰心灵的宁静。这便是他的万能之力的秘密。

不过，即使是耶稣也需要一些"展示"其力量的条件。即使耶稣也无法对拿撒勒城那些无信仰的人施展奇迹。当耶稣治愈了一个病入膏肓的人后，他对他说出了这样富有深厚科学意义的话："你的信仰成全了你。"

信仰是对理想结果的信念，是通过科学途径或其他途径获得成功的重要因素。因为就像你看到的，它能激发现实中的力量。

科学的方法拥有四项特殊的优势。第一，通过科学途径所获得的信仰是人人都可以得到的信仰，因为这种信仰是由理性讨论产生的。第二，这种信仰是完美无缺的，因为它建立在判断力上。第三，这是一种持久的信仰，因为真理是不会改变的。第四，这是一种你可以通过自主学习和科学性学习获得的信仰，因为现在你知道对一种思想的信念等同于这种思想在意识中的主导性。

因此，没有信仰——没有对你一心想达到的理想目标的信仰，你将一事无成。

通过信仰和理想，以及你对两者的专注，你会找到一条学会控制内心的途径，一条摆脱无用情绪和无用情感的途径，一条集中精力的途径，一条在最大程度和最深层次上成为效率达人的途径！[1]

现在，你知道了希尔顿博士对专注的定义。我认为他的观点极具实用价值，并且和我自己的发现完全一致。

如何选择你的人生职业

在全球范围内，职业指导还未被视为一门科学，但是这并不妨碍一个人根据常识选择职业。但问题是，太多人光靠"预感"做出选择。如果你在做一份自己表现平平的工作，对自己做个总结，看看你是否能找出问题的根源。我可以说，你能找到问题根源的概率是很大的。所以，在你选择人生职业的时候，请用点常识。你或许不能像有多年经验的专业人士那样对自己做透彻的分析，所以，如果你有任何疑问，应向从业多年的分析师请教。毫无疑问，他能比你更迅速地找到你的弱点。我们之中很少有人能对自己做出完美的评价，因为我们倾向于忽视我们的弱点或对它们不加重视。

但是在选择人生职业这一方面，几乎没有能够用于所有案

---

1. 沃伦·希尔顿，《个人和商业效率问题中心理学的应用》，第九卷（纽约：应用心理学出版社，1920），59-72。

例的铁定规律。接下来这些内容是我能想到的最接近普遍规律的建议了：确保你热爱自己选择的职业！确保你对它充满热情，并做好长期从事此职业的准备！确保你所受的教育让你胜任你所选择的职业！确保你选择的职业能让你为人类的进步做出贡献！确保你的职业是永久的！确保你的职业不会损害你的健康！

你的播种便是你的收获

现在，我们将要提到最后一个，或许也是最重要的一个话题——"怎样得到你想要的"。我将通过对这一话题的讨论，来向你展示如何将到现在为止我所提到的这些理论应用到实际中。如果你不知道怎样正确应用我所提到和解释的这些理论，那么即使你选择了正确的职业，也无济于事。我将在这一话题上花较大篇幅，因为作为一名个人分析师，我的研究向我证明一个普通人往往极度缺乏对我即将提到的关于这些原则的知识。如果你对以下这些原则一无所知的话，那么我之前所写的内容对你来说只是一纸空文。

人类至今所面临的最大难题是："我怎样才能得到我想要的？"

在公司办公室，在电车上，在家里，在城市，在农场，在美国或世界其他地方，只要是有人聚集的地方，他们的谈话最终就会涉及这个大难题。在我的研究过程中，我所学到的最重要的知识就是我即将谈到的这条法则，而且我可以确定地说，**只要对它应用得当，你就能获得你想要的**。

很明显，有不止一种方式能让你得到你想要的东西，但是对一个心理平衡、思想丰富的人来说，同样显而易见的是只有一种正确的方式让你得到你想要的。我这么说的目的便是以最简洁明了的语言告诉你这个正确的方式是什么。

我有什么资格在如此宏大的一个问题上自称权威？

我的回答是，我是成千上万经历过生活的严峻考验并不断发现错误的人之中的一员，他们在这期间都发现了我即将揭晓的这条法则。我是成千上万不断劳作和奋斗、不断积累经验的人之中的一员，他们都从中探求到了这个秘密（他们的大部分经验由数年来所走的弯路和痛苦组成，只为了求得人生的意义）。

成千上万的人都付出了极其惨重的代价才学到这条法则，他们心碎过，也失望过——我提起它纯粹是希望你在追求你想要的东西的道路上少受一点挫折，少走一些弯路，希望你能在我怀着谦卑之心写下的文字中学到一点东西。

我很肯定我即将向你揭晓的这条规律——不，让我们称之为自然法则——是经过科学验证的，它为你开辟了唯一一条获得你想要的东西的正确途径。

我之所以如此自信，是因为在过去超过十五年的时间里，我想尽一切办法来推翻这条法则并尝试通过其他方式获得成功。

这就是为什么我能信心十足地表达我的观点。我把这条法则告诉你，并不是为了从中获利，也不是为了娱乐你。我告诉你完全是因为我的人生意义在于帮助其他人生活得更加幸福，更加成功，这才能提升我的幸福感和成就感。

在我向你传达这条简单的法则之前，我必须声明我绝非第一个发现它的人。

任何人都有发现它的机会，不仅如此，它从世界形成开始就对我们所有人公开。我之所以做这一解释，是因为我不想让你默默指责我犯了将伟大的自然法则隐藏在神秘主义面孔下不可饶恕的罪过，抑或是企图把这条法则包装成"人造"产品。

电给这个世界带来了一个人类需要解决的问题。曾经它对我们是一个冲击，如今仍旧是——我们至今对这种能源的认识仍旧有限。在这个世界进化的某个阶段，我们极力躲避乌云间的闪电，并深信这是上帝对人类愚昧愤怒的体现。

但是富兰克林既不信神也不信鬼！他心胸宽广，是一个真正的思想者，是一个自然学者，他将一只拴着钥匙的风筝放到天上，于是建立起人与那股神秘力量之间的联系。在他所处的那个年代，大多数的人都无法理解闪电甚至畏惧闪电。

后来，爱迪生对自然法则有了进一步的发现，并使其服务于自己。最终他利用了电，让它照亮我们的屋子，转动我们的机器，拉动我们的火车。爱迪生没有发明电——他仅仅发现了利用电的自然法则，任何在他之前的人都有机会发现这条法则。

所以，正是对这条自然法则的应用，让你得到你想要的东西。

在解释了这条法则后，我将告诉你如何通过对此法则的应用得到你想要的。但是有一样东西我无法告诉你——那就是你想要什么！

既然说到了这一点，那么我想引用一段来自一位世界领袖的话，他就像我一样在生活这个实验室中无止境地研究，发现了这条规律：

"世上存在一个思想的源头，所有的物质都由这里产生，它以最原始的面貌散布、渗透和填充宇宙间所有的空隙。一个有实质的思想便孕育了这个思想所刻画的实物。

"人同样也可以用他的思想建造实物，通过将思想的印记盖在没有形状的物质上，这个思想所包含的实物便被创造了出来。为了做到这一点……他必须对他想要的东西有一幅精准的内心图像，怀揣信念和目标完成每日的任务，以高效的手段做不同的事。[1]

"人如其所思。"

以上的话说明了我所写的这个原理的一切，或者用世上最著名的心理学家的话来说：

"你的播种便是你的收获。"

如果你对一件事物在被创造之前必须先在你的心中形成雏形这一法则有任何的怀疑，那我劝你立即打消这个想法，不然你将永远深陷批判、怀疑和藐视自然法则的巨大旋涡中，这个旋涡已经吞噬了许多没有得到他们想要的东西的人。

虽然我用"没有得到他们想要的东西的人"来描述那些失败者，但是我再三考虑之后，却觉得**一个人得不到他真正想要的东西是不可能的事！**

在这里，我要划清界限：因为单纯地幻想一样东西和全心全意地渴求一件东西相差了十万八千里。若你真正渴求一样东西，你会下定决心不达到目的不罢休，无论付出什么样的代价你都愿意。这样，你最终就会得到它！

---

1. 华莱士·D. 沃特尔斯，《致富的科学》（霍利约克：伊丽莎白·汤出版社，1910），117-118。

66 **你会得到你最最想要的东西。** 99

　　这里有一个危险的节点——在这里，一个普通人很容易迷失于法则或误解法则。事情的真相是，你要么是有意识地，要么是无意识地走在得到你最最想要的东西的过程中。这一点你一定要牢牢记住！

　　我认为这个要点十分关键，所以我认为我必须停下来向你说明你正读到的不是什么信奉神灵之人笔下的空虚之言，而是一个身经百战的商人的经验之谈——这个商人品尝过贫穷的滋味，也品尝过富有的滋味；这个商人很有可能经历过你正面临的挑战！

　　我之所以这么说，是因为我二十年的从商经历中有十五年都是失败的。这并不是因为我现在给你的这些建议在我身上不起作用，而是因为我将一切试图解释此法则的行为视作不切实际的、歪曲的、不平衡的心态在作怪。

　　但现在我成熟了很多，而我为此付出的代价是失去了十五年的宝贵时光——这相当于我在地球上五分之一的人生。在这十五年之后，我才发现了问题所在。

　　在此，我果断地告诉你，在你有能力达到任何生活目标前，你必须接受这项简单的法则背后的真理。我相信我能够帮助你摆脱那些阻止你实现你渴求的生活理想的思绪。

　　以下这条信息来自一个"发现了自我"的普通商人，他不仅知道他发现了自我，还知道他是如何发现自我的，他现在热忱地为你指条明路。

　　在我们开始讨论这个话题之前，让我们再次用简单、实在、无异议的语言将这条自然规律或法则陈述一遍：

一切事物在成型前，必须先存在于我们的思想中！那些我们集中精力的思想最终会以现实的形式重生。我们朝着我们最珍视的思想成长和发展。

这就是自然法则，我用最简洁的语言将它表达出来。现在，让我们来在现实生活中应用这条法则，观察它是如何被有意识地使用并在至少一个真实案例中发挥作用的。（我们无时无刻不在应用这条法则，但大多数时候，我们都是无意识的；在它发挥作用的过程中，我们往往遗失了目标。）

这条法则对你的价值在很大程度上取决于你是有意识地、有计划地使用它，还是无意识地、一头雾水地使用它。

记住，在人们驾驭闪电之前，它所做的唯一一件事就是恐吓人类，还时不时地伤害人类。

我现在所说的这些规律也是一样的——它们可能会像回旋镖一样反过来伤害你，除非你懂得如何驾驭它们并有意识地、有计划地应用它们。

我将用以下这个真实案例来证明我的论点（我举这个例子是因为我确定它是真实的）。

一个和我认识将近二十年的老朋友渴望攒钱。我想你肯定也时常有这个想法。

虽然我说他"渴望"攒钱，但事实上我觉得他只是在"幻想"有一大笔钱，因为他并没有彻底地思考过用什么来换钱，或者他应该做什么来得到钱。他不过是在幻想不播下任何对人类发展有益的种子就收获一大笔钱。因此，他违背了自然法则——"你的播种便是你的收获"。

大概在前两年，他逐渐领悟到这条法则的精髓，在这两年间，他不仅挣得了一大笔他想要的钱，还有了世界上最伟大的发现之一——怎样获得幸福！他想，如果他有钱了他就能够幸福，并能帮助他人获得幸福。不过他的想法集中在结果上，于是他忽略了产生这个结果的原因。

在十八年里，他将他的大部分时间花在思考和开辟得到别人已有的东西的途径上，他完全没有成功，反而被他那像回旋镖一样的思想伤害，身受重创！

为什么会这样？因为他满脑子想的都是怎样战胜别人。就在这个过程中，他"创造"了伤害，而且是对他自己的伤害。

"人如其所思。"

他常想着伤害，于是便被伤害了！他错误地使用了自我暗示功能，因为他根本不理解其意义。

自我暗示是一股强大的力量，你要么是有意识地要么是无意识地用它得到你想要的东西。但是，我警告你，如果你误用了这股力量，那么它就会为你带来灾难。

我说过我会告诉你如何得到你想要的，但是决定你想要什么这一重责则的是你的双肩需要承担的。以下是你应该做的：**当你做出了决定，详细地列出你想做的事及你想成为的人；写下一段描述，并将这段描述熟记于心。**

在你记住这段话之后，你必须充分运用自我暗示的能力，并时刻提醒自己和他人（如果你愿意的话），你将会创造并得到你所决定的事物。你必须一天至少提醒自己十二次，最好是以强硬有力的语言告诉自己；如果有必要的话，你可以对一个想象出来的人说这番话。

在这里，让我再次提醒你一定要谨慎小心，不要渴望某样东西却在得到之后对此不屑一顾。自然法则对人人平等，它能带给你你想要的东西！

很多年里，我都渴望成为一名成功的作家！

成为一位写什么的作家？

哦，这无所谓——只要我能看到自己的名字作为作者印在书本上就好了。

我近几年才意识到，写作不过是将内心的想法输出。在创造有价值的内容之前，必须有有价值的东西先"进入"你的内心，这些东西在人心这个大熔炉中以不同的形态获得重生。

> **你吸引与你内心的想法一致的东西。**

我能够信心十足地说出以下这些话：你能够——不，应该说你一定会——吸引你在心中创造的那些东西或生活状态。

所以，请谨慎选择那些组成你的思想的素材。在你的头脑中描绘出一幅你想得到的东西或你想成为的人的清晰图像，在组织你的思想上多下一点功夫。有了这幅图像后，你便可以集中精力将这幅精神图像转化为实物。现在，既然你了解了专注的法则，那么就学会使用它！

就在你的内心图像变得越来越清晰、越来越完整的同时，其所对应的现实也会变得越来越清晰，越来越完整。

请记住，时不时地幻想某件东西是既非清晰也非完整的心理活动。再加把劲，用强烈渴望的力量描绘一幅明确的、清晰的未来的图画，确保没有人——尤其是你自己——会将它看错。

这条法则适用于积累任何物质财富，也适用于创造任何一种心态。通过应用它，我们或喜或悲，或富或穷，一切由我们掌控。

所有我建议的原理和法则都被实践和科学检验过，它们都是正确的。在乔治·华盛顿学院的学生身上，我看到这些原理能给他们带来无比惊艳的结果；在某些人身上，简直立竿见影。事实上，我所提到的这些法则组成了学院里"广告和销售"这门课中"理想主义"部分的基础——我们通过课程的这一部分来发展学生迷人、可亲的性格特点。若没有这一点，光掌握销售技巧和原理是没有用的。

对那些熟悉乔治·华盛顿学院教学宗旨的人来说，他们非常清楚学院在国际上广受欢迎全是因为它从一开始就追随我在此提到的这些原则和法则。通过应用这些法则，乔治·华盛顿学院在没有一分创业资金的情况下，在短短一年间就建立起了一项几乎占据全球的事业——这项事业在一年内取得的成就比别的学校在起步阶段的五年内取得的成就都要高。这是一个人尽皆知的事实。

我并非在为乔治·华盛顿学院打广告——它并不需要广告，我只是为你提供了又一个切切实实的证据，来证明这些原则在商业领域也是适用的。

几年前，我试图说服芝加哥的一所大型学院在课堂上传授这些至关重要的法则，但是学院的主人拒绝了我的提议，说这些法则"对我们来说太过理想主义了"。但很显然，他们觉得我的计划并不完全是过于"理想主义"的，因为他们后来将我的思想照搬到他们的课堂上去了。

我提起这件事并非因为我怀恨在心，而是想强调错误地运用正确的理论不会让你获得成功，也不足以证明此理论不符合实际或不正确。我还想强调，只遵循这些原理中的一小部分，也不会让你获得成功。

我对那些试图偷走我的理论的学院老板并没有恶意。若是我这么做的话，就相当于允许这些走上弯路的人把我拉到他们的层次，这就直接违背了我所提及的最重要的原则之一。

如果一个人偷走了你的点子，让他去，因为他很快就会因此咎由自取。不要浪费时间嫉恨他，因为这只会伤害到你自己而不是他。

> **如果一个人偷走了你的点子，**
> **让他去，**
> **因为他很快就会因此咎由自取。**

记住，你的思想形成了你的"人格"，因此，一定要对进入你内心的思想严格把关。

最后，我想告诉你的是：**一个人所体现出来的"伟大"或"渺小"，建立在这个人原谅与遗忘他人对他的恶意之举的能力上。**

如果一个人看到某个对他作恶的人正被好管闲事的邻里七嘴八舌地"数落"，却表现出足够的自控能力不去加入无聊的纷争，那么他就是一个迈出靠近"伟大"第一步的人。

如果你呵护你自己的健康和幸福，请做到隐忍、原谅并最终遗忘。

记住世界上最伟大的哲学家的话："让无罪之人投掷第一块惩恶之石。"

亲切、迷人的性格是在任何有价值的领域获得成功的必要因素。如果我所提到的这些原理都正确的话，那么一个心中怀有仇恨的人是不可能亲切、迷人的。

Chapter Two
那个曾经没有任何机会的人

1918 年 11 月 11 日，也就是第一次世界大战停战日，拿破仑·希尔写道："这场大屠杀终于停止了，理智将再次主导文明。"

这一天对希尔来说意义深远，因为他正在寻觅他自己的成功法则：明确的生活目标。希尔在他的打字机前坐下，着手开始做他那时唯一擅长的事：写作。他后来说道："我只不过是把我心里想的写下来。"希尔说，这是他人生轨迹的重大转折点。他说："从这场战争结束起，一种全新的理想主义即将来临——这种理想主义建立在黄金法则的哲学之上；这种理想主义会指引我们——不是指引我们对我们的同胞做出多少伤害，而是为他们做出多少贡献，这会让他在生活的路上徘徊时减少苦难，提高兴致。为了将这条哲理传播给大众，传播到那些需要它的人的心里，我打算出版一本名为《希尔的黄金法则》的杂志。"

在完成第一篇文章的一周内，希尔将它带到乔治·威廉姆斯面前。乔治·威廉姆斯是芝加哥的一名印刷出版商，他们是在战时为白宫出版宣传材料时认识的。

《希尔的黄金法则杂志》是希尔从年少起就一直在心里酝酿的出版物。当他的继母用枪支为他换来一台打字机时，他无比兴奋地为当地报社写新闻稿。传说，当希尔手头没有什么有价值的新闻时，他甚至会编造一些。

这也许和他在斯里福克斯原始浸信会教堂的经历有关，希尔父亲是教堂的创建者之一。希尔深谙演讲者的能力在激励一大群追随者上的重要作用。在这里，希尔意识到了他怎样才能得到继母在他十三岁时就向他提及的名誉。正因为教堂的影响，希尔的作品中往往包含《圣经》中的内容，并将它们与卡内基、福特和别的现代成功人士的故事相结合——所有的故事都是希尔通过采访当事人获得的。

第一期的《希尔的黄金法则杂志》共四十八页，整一期全是由希尔独自撰写和编辑。印刷出来的杂志在1919 年 1 月首次被送往各个报刊亭。

希尔当时没有钱来支持杂志的发行，按理说他的杂志几乎没有成功的可能，但它却大获成功。杂志的第一期炙手可热，以至于被印刷了三次。

随着《希尔的黄金法则杂志》的成功，不断有人联系希尔邀请他出席活动。他收到了来自大公司的邀请，于是他为自己设定了每场一百美元的演讲费。

在艾奥瓦州达文波特市的一次演讲中，他向两千名学生讲话。希尔没有向主办方索取他的一百美元演讲费，事后，他获得了演讲费达六千美元的长期讲座邀约。

在同一年里，希尔收到了威斯康星州简斯维尔市派克笔公司老板乔治·S.派克的邀请。据希尔所言，当他到达现场后，派克立即握住了他的手，并将另一只胳膊环绕在他的肩上，对他说："我将你邀请到这里是想亲自看看你是不是真的对黄金法则中的理念坚信不疑。现在在我看到你的内心后，我只想说——在你有生之年，你永远不会知道你通过你的杂志给这个世界带来的好处。"

希尔十分敬佩那些克服了挫折的人，他早期的一名研究对象是塞缪尔·斯迈尔斯，他在1859年写成了《自我帮助》，这是个人发展领域里最早出版的书之一。希尔所研究的大多数人都用了好几年时间才取得他们今天的成就。其中一个例子是约西亚·韦奇伍德，他改良了瓷器的制造工艺。他于1759年5月1日成立了自己的公司，至今仍屹立不倒。现在人们都称他的产品为"韦奇伍德瓷器"，受到全世界人民的好评。

希尔一生都在研究人为什么成功，但他同样也花了大量时间寻找人为什么失败的答案。爱德华·博克（著名杂志《妇女之家》的出版商）是希尔的研究对象之一，因为他战胜挫折最终获得了成功。博克曾写信给希尔，那封信件促成了希尔的一场演讲——"那个曾经没有任何机会的人"——的基础。这场演讲的对象是乔治·华盛顿学院的学生。爱德华·博克的故事是如何利用他人的经验从失败中学习并最终战胜挫折的典型。

——唐·格林

在我的事业指导工作中，我收到过上百封信，人们抱怨说"我一直没有机会"。许多人哀叹他们为了求生而度过的艰难时光，哀叹他们的失败、残疾和缺陷。可怜的人们啊，他们不知道自己拥有多么得天独厚的条件。他们还没有意识到，那些挫折其实是伪装下的福祉。我很少在听到一个人经历了一段充满艰难的生活后，不对他说："祝贺你！"

几年前，我的弟弟从法学院毕业。他的教育经费都是由他自己承担的。他白天工作晚上学习。在他毕业那天，我给他写了这么一段话：

> 孩子，今天真是你的大日子！今天是你的大日子，因为你已经做好了学习法律的准备。在法学院的四年学习生涯为你今后成就伟大的法律事业奠定了坚固的基础。这四年里，你十分艰苦。我亲眼见证了你的血与泪。我对你最真诚的愿望就是在接下来的四年里，你能完成过渡阶段，成为一名真正的律师。我知道你在事业开始的时候是不会有一份满意的收入的。如果你真的有，那它会夺走你所需要的历练。在你能承担起为千万男女提供法律咨询的重任前，你必须饱尝生活的苦涩。因此，在接下来的四年（或许上帝保佑你不

需要花这么长的时间），我相信你能忍受食不果腹之苦。

　　我相信你会体验到大多数伟人都走过的必经之路。孩子，你需要烈火的洗礼才能在你所选择的职业领域为世界做贡献。虽然其他人都祝你轻松地获得成功，我却要祝你取得经历大风大雨后的成功！你不会收到另一封这样的信，对此我很肯定。但你才是做最终决定的人，你决定谁是对成功必经之路有更深刻理解的人——是我这个一心为你着想的小作家，还是那些向你投来贺词和贺礼的人。

你可能觉得这封来自我这个兄长的信太过严苛，尤其是在那些不懂磨难价值的人的眼里更是如此。但是，那些为了人生价值而奋斗和受难的人知道我完全没有必要为这封信而向我的弟弟道歉。他们能体会我的心思！

　　我从来没有福气体验人们所说的"顺境"，但跟某些人的经历相比，我已经非常幸运了。正因为如此，我不会与你细细诉说我的经历。但是，有一个人的故事能恰到好处地证明我的观点。在我开始写这篇演讲稿时，我想到了一些参与我的研究项目的人，他们都起步于底层，靠着勤奋和努力，最终登上人生的峰巅。其中一个人就是爱德华·W. 博克——世界上最著名的杂志《妇女之家》的出版商。我向博克先生询问他的故事。在这里，我将他写给我的信原封不动地展示给你。如果你读完后眼眶里没有泪花，那你真的可以将自己视为无情之人了。

我为什么相信贫穷是一个孩子最珍贵的经历？

　　我的工作是编辑《妇女之家》杂志。由于读者们对这份杂志饱含赞美之词，所以自然而然地，他们把杂志的成功部分归结于我。于是，我的很多忠实的读者都对我有一个偏见，虽然我常常试图纠正他们。我的客户们往往以不同的方式向我表达这个偏见，但以下节选的信件内容是一个典型的代表。

　　"对你而言向我们大谈特谈经济是再容易不过的事了，因为你并不理解金钱在普通人心中的地位——比方说，你告诉我我必须将花销控制在我丈夫每年八百美元的收入内，但你一直以来过的是每年花上千美元的生活。众人皆知你出身金贵，一直以来衣食无忧，但你是否考虑过你的凭空写作跟现实中许许多多人的'吃了上顿没下顿'的贫苦生活相比，是苍白无力的吗？我们日复一日、年复一年地挣扎，这是你完全不知道的经历！"

　　"这是你完全不知道的经历！"

　　现在，我们来看看这些话到底是不是符合实际。

　　我对我是不是出身金贵不做任何评论。的确，我的父母都是背景殷实的人。但在我六岁的时候，我的父亲失去了一切。于是，在他四十五岁的时候，他决定去一个陌生的国家，在一无所有的情况下从头再来。一个人在四十五岁的时候，在一个陌生的国家企图

"翻身"——只有少数人知道这意味着什么！

我当时一句英语也不会说。我进入了一所公立学校，在明显处于劣势的情况下尽力学习。这可不是什么好玩的事！像天下所有的孩子一样，学校里的孩子残酷无情。像所有疲倦厌烦的老师一样，学校里的老师们缺乏耐心。

我的父亲在生活中找不到立足点。我的母亲习惯了使唤用人，现在却要亲自打理家务，这是她从来没有学过也从来没有被教过的本事。

更糟的是，家里完全没有积蓄。

放学之后，我的兄弟和我回到家里，不是玩耍，而是帮母亲分担工作。母亲一天比一天憔悴，因为她无法挑起突然压在她身上的重担。连续几年，不是几天，我们兄弟俩在冬天寒冷灰暗的清晨起床，对两个正在长身体的男孩来说被窝是那么暖和。然后我们在昨晚炉火所留下来的冰冷的煤灰中翻找一两块没有烧尽的煤炭。我们用找到的煤炭和不多的新煤合起来生火，让屋子暖和起来。然后，我们将寒碜的早餐端上餐桌，出门上学，放学一回家就清洗碗碟、扫地擦地。我们住在一栋三户人家分租的廉价公寓里，每三个礼拜我们就得把一楼到三楼的所有楼梯，还有门厅、门口的人行道都打扫一遍。最后一项任务是最艰难的，因为我们总是轮到星期六打扫街道，而周边的孩子没有一个是对我们友善的，所以我们总要趁他们去稍远的地方打棒球的时候才敢出来打扫人行道。

晚上，当别的孩子坐在台灯下复习功课的时候，我们拿着篮筐到邻近的公寓捡柴火和煤炭，或在某个邻居当天下午倒出来的一大堆煤灰中找没有烧尽的煤炭。我们有时能找到十几块，有时却一无所获。我们在白天的时候会找好目标，期待那个运煤的人会不小心散落几块煤。

这是你完全不知道的经历！我不知道吗？

在十岁的时候，我开始了人生第一份工作：清洗面包店的窗玻璃，他们付给我一周五十美分。一两周后，我被允许在放学后去面包店里卖面包和蛋糕，工资也涨到了一周一美元。我一整天几乎都没有吃东西，现在却要将刚出炉的蛋糕和香喷喷的面包递给顾客！

每个周六早晨，我沿着同一条路线送一份周报，然后在街上将没送完的报纸卖掉。这一整天的工作能给我带来六十美分到七十美分的收入。

我住在纽约的布鲁克林，那时候去科尼岛的主要交通工具是马车。马车通常会在我住的地方附近停下休整，马需要喝水；车里的男人们也会跳下车喝口水，但是车里的女人们没有办法解渴。看到这个现象，我去买了个水桶，往里面加满水和冰块。就这样，我带着水桶和一个水杯，跳上周六下午和周日整日经过的马车，以一杯一美分的价格将我的货卖给乘客。当竞争对手出现后（当周边的孩子们看到周末的劳作可以换来两美元到三美元时，他们也纷纷效仿我），我往我的水桶里加柠檬汁，于是我的饮料升级为"柠檬水"，价格也涨到了一杯两美分，于是周末为我带来五美元的收入。

后来，我在夜里做通讯员，白天去某个办公室打杂，深夜的时候学习速记。

我的读者说她靠一年八百美元养活她的丈夫和一个孩子，指责我不懂贫穷的意义。我曾经靠一周六美元二十五美分的收入养活三口之家——这连她年收入的一半都不到。若把我和我兄弟的收入加起来，我们一年能为家里带来八百美元，我们当时觉得自己都是富人了！

这是我第一次以文字形式详细讲述我的故事，希望你能从我这里了解到《妇女之家》的主编在撰写和发行理财文章或反映穷人艰苦生活的文章时，并不是个只会空谈的理论家。在贫穷这条路上，没有一步是我不知道的或没有经历过的。我理解正走在这条路上的人的每个想法、每种感受和每项挑战，今天，我要向每个正在经历这个过程的孩子表示祝贺。

我也没有忽略或遗忘艰难度日的过程中每一个苦难所带来的折磨。但今天，我不会用我童年时期所经历的一切苦难和折磨来换取任何一段不一样的经历。我知道想得到一美元却只挣得两美分的滋味。**我知道金钱的价值，因为我以最深切、最残忍的方式学到了**

它。我以最脚踏实地的方式取得了我今天的成就。我最清楚手里没有一分钱、柜子里没有一块儿面包、炉子里没有一块柴火还要继续生活是什么滋味——家徒四壁，却要养活饥肠辘辘的一个九岁男孩和一个十岁男孩，以及一个虚弱颓废的母亲！

这是你完全不知道的经历！我不知道吗？

但即使如此，我还是为这段经历感到欣慰。我重复一遍，我羡慕每个身处这种环境仍前进的孩子。我坚持认为对一个孩子而言，贫穷是伪装下的福祉。但是我提倡贫穷是用于体验的，在得到磨炼后，人们应该走出贫穷，它应该不是一种长久的生活状态。"你说得非常在理，"有些人可能会这么评论，"说起来轻松，但怎样才能走出贫穷呢？"没有人能给出明确的答案。没有人告诉我答案。没有两个人能用同样的方法摆脱贫穷。每个人都必须靠自己摆脱出路。这就全靠人的意志了。我下定决心要摆脱贫穷，因为我的母亲并非出生于贫困家庭，她无法在贫穷中生存，她天生不属于这样的生活。**这给了我走出贫穷的第一个必要因素：目标。**

接着，我用努力、肯干和消除所有阻挡我前进的障碍的精神奔向我的目标。无论我的前方是什么，只要它意味着走出贫穷，我一定全力以赴。我并没有挑挑拣拣，我有什么就做什么，而且都是用我知道的最好的方法来完成工作。当我不喜欢自己手头的工作时，我仍旧会踏踏实实地干；但是我并不把它当作长久打算，一旦有更好的机会，我便会放弃它。我把梯子上的所有横杠都当作通往更高一级的台阶。这让我付出了巨大的努力；但努力和勤劳中孕育着经验、提升、发展、理解、同情，这些对一个孩子来说都是无比珍贵的。世上没有谁能将这件珍宝送给孩子，只有贫穷能将它印在孩子的人格上。

　　这就是为什么我如此珍视贫穷，它是最让人受益的祝福，它给一个孩子带来最深刻、最完整的人生体验。但是，我在这里再次强调：**它永远是你试图摆脱的临时境况，而非你的生活常态。**

　　你读完了一个"那个曾经没有任何机会的人"的故事。你很羡慕这个人的地位，不是吗？我就羡慕他！爱德华·博克为人类做出了很大的贡献。他从他早年所爱的挫折中获益匪浅。它们的确是伪装下的福祉！我十分喜爱这个讲述博克先生早年遭遇的故事。我读了许多遍，以至于我现在能将它熟记于心。它给了我新生的勇气和决心。它让我疲乏的双腿支撑我的身体，防止我在生活的道路上倒下。它让我拔出利剑，像消灭地狱的恶魔一样与困难和挫折战斗！它战胜气馁，照亮我的生命之路。它让我更加热爱这个世界，它让我成为一个更合格的公民。我相信博克先生这个简单易懂的故事一定会感动上万名读者的心。

> **66 它（挫折）让我更加热爱这个世界，**
> **让我成为一个更合格的公民。 99**

我还知道一个关于另一个人的故事，你肯定也会对此感兴趣，他就是雷迪·约翰逊。他现在是一位了不起的商人，和博克先生一样，他也是从社会的最底层发家致富的。就在几年前，他在一家机械器材店当助手，拿着一天 1.6 美元的工资。而今天，他拥有大量工厂和其他事业。我想告诉你这个"**他如何推销他的商品**"的故事！在这个作者不详的故事里，你会了解到我在这一问题上的哲学理念的中心点。故事是这样的。

他如何推销他的商品

现在市面上有很多关于成功的书籍，其中一些十分在理，我想它们应该对读者有益。但你们之中的大部分人都应该停止不加思考地阅读。对我来说，这些书籍的问题在于它们不像我的第一课那样涉及成功这个话题的根本。你们只会谈论好人稀缺，谈论如何讨好工厂里比你知识多、权力大的工头，谈论招聘不到主管，谈论好的销售员如何比他们等身重的黄金更有价值，以及其他类似的事。我想这大概能鼓励已经走在正确道路上的人，让他们不断发展自己。但是这并未涉及成功的根本。它并没有告诉你怎样将一群乳臭未干的毛头小子培养成可以接替我们这群白发苍苍的人——或像我这样的光头——的栋梁。

但我并不担心他们无法成才。我在工厂有一批年轻的培训生，我把其中一些送走了，更准确地说是借出去了，等到他们长点见识的时候我再把他们收回来。你所选择的人中不可能每个人都能成为工头或销售员，但是如果你的教育方法得当的话，你会惊奇地发现，你能在今天的年轻人里培养出一大批优秀的人才，只要你向他们提供合适的心理培训和大量实际操练，就像我当年那样。

"叔叔，把秘诀告诉我吧，"一个红头发的珠宝推销员说，"我想要更高的薪水，给我些指点吧！"

那是在——记不清了，反正是很久以前——我是个在机械器材店做工的红头发小子，我想我当时挺自以为是的。我当时才十八岁，很快就要结束我的学徒生涯了，心心念念想成为一名工头，这是我当时唯一的愿望。你肯定笑我想在完成学徒前就成为工头，但事实是，当时厂里的每个小毛孩都是这么想的。他们从来不说出来，我当时也没说，不过人人都是这么想的。再说，这是一个实在的、合法的梦想。

我们店里有一个叫万恩的旅行推销员，他销售店里所有的商品。听说他最近刚刚结束了学徒期，现在年收入达三千美元，真算是梦想成真了。每次他从路上回来，都会来店里，给工头和监工递上雪茄，和店里所有的人握手。然后，他跟老板一起讨论业绩、检查订单，无论他说什么老板都一口赞同。外人一定会觉得他才是老板，老板是他的监工。的确，我当时简直视万恩如王子。当我厌倦了想象自己有一天能成为工头，我就会思索我会不会有一天也能挣得和万恩一样多——一年三千美元！而我当时一天却只能拿到一点六美元。三千美元对我来说是不敢想象的巨款。

一天上午我心情极差，人不在状态，也不想理会整个世界。店里的一些人那天早上对着我插科打诨，所以我对他们都不给好脸色。可想而知，这让我心情更糟。万恩从我身后走来，向我吐了一阵香烟烟雾，弄得我咳嗽起来。我抄起一把扳手，但当我看到是万恩时，马上放下了扳手并哈哈大笑。没有人能对万恩动怒气。

"告诉我，雷迪，"他说，"你打算什么时候成为工头？"然后他坐下来，开始跟我唠嗑。最后，他说："你会成为工头的，要么是在这里，要么在别处，只要你在训斥人、指使人方面有足够的经验。所有地方都需要工头、监工和推销员，你要做的就是开始练习，就像你之前在机床和刨机上练手艺一样。"

我怎么练习呢？我在这里不过是个学徒，所有人都指使我做事，我一定得听从他们的。他们可以在我身上练习训斥人，大部分人在这一点上技艺都很精湛了。我怎么才能找人供我练习呢？

"雷迪，有一个人你可以拿来练习：约翰逊。"

"我？"

"不是你，是约翰逊。每个人体内都有截然相反的两种性格。一种活力四射、抱负远大，想要上进、过体面的生活——这就是你。另一个则心不在焉、得过且过、懒惰无能，只图眼下的快活——这是约翰逊。现在，你所要做的是让约翰逊对你言听计从，你会发现这需要你投入大量练习。当你能够成功控制约翰逊后，你要确保他时刻达标，时刻表现优秀。直到那时，而且只有到那时，你才会拥有管理别人的本领。现在，你有了一个供你练习的人。你做得到吗？握手保证！我真为约翰逊感到难过，他肯定要经历不少难关。我会在这里待一个星期，你必须现在就开始练习。我告诉你做什么，然后你告诉约翰逊，就像老板给监工下指令，监工再把指令传达给你一样。这样我们就有了一条完整的链子，协议正式达成。"

我那时候还带着孩子气，所以被这个建议打动了。万恩会过来跟我说："雷迪，告诉约翰逊去做这个，确保他按时完成任务，盯着他点。"

在接下来的一周里，我逐渐喜欢上了这个游戏。我还发现了一些我从未注意到的事。作为工头雷迪，我总是会激励作为约翰逊的那个自己，约翰逊是个实实在在的懒汉。后来万恩上路了，我却仍旧日日夜夜督促着约翰逊。我喊他睡觉，我喊他起床。我检查他的工作，我监督他学习。作为工头雷迪，我很少把自己当作小工约翰逊，除非我对约翰逊失望至极的时候。我渐渐注意到老板总是在观察我，于是我开始担心约翰逊会被开除，因此，雷迪更加严格地监管着约翰逊。

盛气凌人的约翰逊

一天晚上我去剧院看戏，在幕布拉开前，我听到坐在我前面的两个人在谈话。其中一个人出了远门，最近才回来，我听到他说："雷迪·约翰逊最近表现怎么样？""挺好的，"另一个人说，"他现在是店里的工头助手，负责装配，他现在手下常常有三到十个人。"

我当晚的心思完全不在戏剧上。我是工头吗？我什么时候成为工头的？我当工头多久了？六个月前一支新的工队成立了，我被派到了这个工队里，我有了几个助手，我的工资也提高了。原来我已经当工头当了六个月，其间我一直在监督指挥约翰逊，所以完全没有意识到发生在我身上的变化，直到别人说起这件事时我才发现。

六个月后，另外一家工厂请我去当监工，工资是这里的两倍。工厂里说我应该接受这份工作，还说如果我做不好的话可以回来。这就激起了我心中所有的斗志，我在新工作上表现得很好。我觉得每个红头发的人都对别人的含沙射影特别敏感。

我仍旧坚持监督约翰逊，直到我让他成为一名推销员。现在我有几家属于自己的工厂。现在我的月收入远远超过了万恩的三千美元，就像当年他的工资远远超过我做小时工的工资一样。我已经有二十年没收到工资条了。在我自己的工厂里，我让那些学徒在自己身上练习指使人的技巧，直到他们能够成为一名合格的工头。还有一些年轻人被我送去别处学习，当我需要他们的时候我会把他们召回来。这个方案对我和他们来说都很有效。看到了吗？它是做生意的基础。**它让年轻的工人们有一个正确的起点，让他们从一开始就学会自制。这是老板和员工之间最根本的区别：一个能自己监督自己，另一个则不能。这是个非常深远的思想。**《圣经》上说："一个能自己做主的人比攻下城池的人更伟大。"我是个民主党人，我不会一字一句地背诵《圣经》，但基本意思就是这样。

"那么，我红头发的伙计，你说你想加薪？为什么不从现在起就为你不需要薪水的那天做准备呢？我告诉你，孩子，在你做到不需要工资单前，你必须学会控制约翰逊——每时每刻，不管白天黑夜。"

老人离开了屋子，足足有十分钟，没有人说一句话。他们就坐在那里，静静思考。

那么，如果你，我的读者，还没有学会怎样"控制约翰逊"的话，赶紧行动起来。当你能够自如运用这项本领时，抬起头看看你的周围，你会发现自己已经成为工厂里的工头了。

时不时地，我会收到某个老实本分、品行端正的人的来信，说他的事业发展不顺，因为他没有机会上大学。当我收到这样的抱怨信时，我总会不由自主地想起我认识的四个年轻有为的男子，他们没有一个人是受过高等教育的。这些年轻人里有一个曾经是我的私人秘书。当我是一家大公司广告部经理的时候，他便开始为我工作。刚开始的时候，他的工资是一个月七十五美元。他那会儿刚从商学院毕业，连一个优秀的速记员也算不上。他从来没上过高中。事实上，他连基础教育都没有完成。但六个月后，他成了我的助理，工资涨到一个月一百五十美元。在我辞职后，他便接替了我的位置——薪水更高。

就在上个圣诞节，我收到了其中三个年轻人的信。他们和我同时期上的商学院。其中一个是纽约一家大百货店的广告部经理，年收入达一万美元。一个是全美钢铁公司一位高管的助理，年收入六千美元。还有一个是美国最大的汽车公司总裁的秘书，年收入八千美元。我们都是同一年起步的，去的是同一所商学院，我们之前的教育背景都差不多——没有谁特别优秀。我们都是从速记员和会计员逐渐做上去的。

我从来没注意到这些年轻人因为没有上大学而事业受挫。或许如果他们上了大学，现在会生活得更好，但也有可能不会取得今天的成果。因为大学毕业生往往不愿意从事速记员这样低微的职业。

我以前读到过一篇极好的关于教育与成功的关系的文章。文章刊登在几个月前的《弗拉杂志》上，作者是C.A.曼恩先生，他是《科学美国人》的主编。我认为非常值得与你分享这篇文章。

成功取决于你给了世界什么

在这个时代，高等教育的价值被看得很重，但也有反面声音提出质疑："高等教育能给个人带来什么好处？我们不是看到很多没有受过教育或受到很少教育的人比那些学历高的人活得更好吗？不是有无数的例子证明教育反倒成了那些高学历的人的绊脚石，因为很多被学历低却眼尖的人看到和抓住的机遇对那些受过高等教育的人来说不过是过眼烟云。他们缺乏的是常识？我们不是看到很多受过教育的人一心追求他们的理想和愿景，而那些虽然没那么博学却更实际的人在收割物质财富？"所以问题是："教育总体来说是否有助于成功？"

如果这里说的教育是理想教育，那我们应该毫不犹豫地回答"是的"。然而，到目前为止，现实中的教育并非理想中的教育，因此有时候会出现教育无法为你带来最大成功的现象，而那些与你天资无二，没有受过同等教育的人却能成功。

> 我们必须努力以实事求是的眼光看待事物。

如果想在这个问题上做出一个正确的评价，我们必须摒弃我们的偏见，无论这个偏见是关于你自己的还是关于其他人——很有可能是某个跟我们有联系的人的。我们必须努力以实事求是的眼光看待事物。

对一个教育家来说，他的作用是帮助这一代的青年人塑型。鉴于这项活动的本质，他习惯于将一个课堂上的学生视为一个集体，这一观点对你来说应该很熟悉。但是，当他班里的这个学生或那个学生在几年后通过剥削同学而获得个人利益，那么他的教学方法和教学材料不是有很明显的缺陷吗？然而，只要他遵守法律法规，不打破习俗，他可以照旧行事并被他人称为"成功人士"。因为大家只用自己的标准衡量对错，而不管集体的利益。

尽管以上行为背后的原则漏洞会被所有人认为是非法行为，但是我们绝对不能相信每一个"成功"都是建立在个人利益上的成功，而实际上是失败。

但有些人会说，将个别案例排除在外难道不是为了对人性做出更接近事实的评价吗？对于这个问题，我的回答是，大众对一个人的评价通常来说的确符合事实，但是今天，我们并不着重讨论符合日常规律的案例——一般人都会同意教育程度越高，成功的可能性就越大，但我们今天要讨论的是那些异于常理的案例，也就是那些教育成了人们前进路上的绊脚石的案例。难道不能在这些服务价值与市场价值相去甚远的案例中找到合理的解释吗？你必须记住市场价值取决于人们的判断能力——它往往是不可靠的，而服务价值则取决于自然法则。有些人难道不是被误认为是失败之人，实际上却取得了成功吗？当然，还有相反的例子，我们有时候不是会把成功定义为一个人所积累的财富，而完全不考虑他对社会的贡献？

所以我们能得出什么结论呢？迄今为止，教育接近于理想水平，所以毫无疑问地，它对成功有推动作用，只要我们能够认清什么是成功：你的成功并非取决于世界给了你什么，而取决于你给了世界什么。[1]

> **你的成功并非取决于世界给了你什么，**
> **而取决于你给了世界什么。**

在你"认识"自我之前，或许你需要一些教育来帮助你。你必须先学会在脑海中刻画出一幅清晰的关于未来的自己的图像。我这里说的"教育"并不是死读书。一个孩子可以记住一首诗，流利地背诵它，却完全不懂诗的含义。最近，我在街上遇到一个乞丐，他会说将近十二种语言，但即便如此他却无法生活。他显然受过教育，至少是我们传统意义上的教育，但是他的学习对他来说毫无用处。

我也认识一些既不会读书也不会写字的人，他们却在生意场上赚了十万多美元。他们也受过教育，但他们受的教育是实践性的教育。

这就让我们不得不面对这项有意思的任务：总结出什么是

---

1. C.A. 曼恩，《教育与成功》，选自《弗拉杂志：专为俗人工匠》1915 年第 15 期，144。（尾注为后人对原文的补充）

教育及如何获得教育。我可以信心十足地说，一千个人里也不一定有一个人能给出对"教育"的准确定义，一万个人中也不一定有一个人能告诉你怎样获得教育。

　　一个普通人若想获得教育，可能第一个想到的就是去大学或学院，他们错误地以为这些地方能够"教育"学生。但是这个想法离事实相差了十万八千里。实事求是地来说，世界上所有的学校能做的仅仅是为你奠定一个获得教育的基础，除了一所学校——这所学校就是生活的学校，它通过人类经验这本教科书将教育传输给你。千万别忘了这一点。不要幻想你可以用金钱买来教育，这是不可能的。教育是需要你努力争取的。另外，它是不能通过寻常的四年大学教育来获得的。如果我们是优秀的学生，我们自然会去上学。但学习是无止境的，**生活是一所学无止境的学校；而我们能成长为什么样的学生，全靠我们在这所非比寻常的大学里所做的功课。**

　　最近刊登在《芝加哥检查者报》上的一篇文章给出了我所读到的关于如何获得教育最好的答案。我对它十分认同，因此想与你分享。这篇文章值得每个人深思：

获得最好的教育

　　教育是一种成就，不是一种天赋。你必须亲自努力去获得它，而得到它的方式是奋斗。你必须通过奋斗来获取它，并通过奋斗来留住它。

　　教育是自我发现的历程：发现你是谁，你能够理解什么，以及你能做什么。教育这个词的意思是演绎、显现、成长和进化。加强肌肉力量的唯一方法是锻炼它。大脑和肌肉是同一道理。大脑是一个器官，想让它保持健康你就必须锻炼它。你需要通过学习、思考和工作来锻炼大脑。在任何一个领域每天学习半个小时，几年后，你将成为一个受过教育的人。

"完成你的教育"是不存在的，一切都是相对的。从某种意义上来说，教育的目的是让人知道自己的无知。

最有用的人才是受过很多教育的人。

纵观历史，世界上一些最有权力、最有影响的人并没有学历"优势"。当然也有许多大学毕业生成了人类的领导者，但是大学文凭并非才干的证明。当某些没有上过大学的人登上了富人、名人榜单之首，而那些上过大学的人却默默无闻时，大多数有思想的人都会承认教育背后的科学仍旧有待探索。

在那些成功的大学毕业生中，又有哪些宣称是靠大学给他们的帮助成功的，抑或是没有靠大学所受的教育而成功的呢？但仍有许多人哀叹——"要是我上过大学就好了"。

如果真是这样，那这些人肯定会丧失他们的个人特征。

把一个十八岁的年轻人从他的工作中拽出来，以教育的名义将他与有用的劳作隔离四年，这种做法会在某天被认为愚蠢至极。这样的想法是某些过时的哲学家提出的，他们认为年轻人应该钻研和精通"神圣"的科目，也就是消亡的语种。他们还因循守旧地认为，教育应该是少数高级阶层的专利。

与真实世界隔绝好几年，在此期间不做任何有用的工作，将所有精力都放在虚无缥缈的科目和理论上，这样的生活往往会消磨人的意志和能力，他将永远不能返回到工作和其他有意义的事中。他不再是一位生产者，他不得不靠福利和国税生活。

在一些规模较小的学院里，有许许多多学生在校期间仍刻苦工作。这样的学生在竞争中比那些逃避现实的娇贵公子更有实力。照顾自己的能力在人类的进化中起到了至关重要的作用。将一个年轻人在他十八岁至二十二岁的时候，与现实世界隔离开来，简直就是冒险摧毁他的人生。很有可能，你夺走了他的机会，使他堕落成一台记忆机器。

总是有一些人大谈特谈"为生活做准备"。最好的为生活做准备的方式便是亲身体验生活。学校应该充满生活气息。通过将人从生活中隔离开来而让其为生活做准备是错误的。这就等于将一个铁匠铺的学徒从铁匠铺里拽出来教他怎样打铁一样。一个学生从十四岁开始就应该觉得自己在做有用的事，而不是浪费光阴。他的工作和教育应该携手并进。

一个受过教育的人应该是有用的人。一个人不管

有多少大学文凭，如果他不能脚踏实地地生活，那么
他就不是个人才；他是一个过时的人，只会随着教育
一步一步地走向衰亡。

在过去的三十年里，教育孩子的方式发生了绝对的积极变
化。这些惊人的变化堪称一场革命。这些教育方式的变化来自
一个人的理论，这个人就是弗里德里希·福禄培尔。福禄培尔
是幼儿园的始创者。成立幼儿园是十九世纪最伟大、最重要、
最有益的成就。

没有哪个能将人从这个点移到那个点的光速空间移动机能
与这项事业相比。没有哪个用来和五百里之外的人谈话的设备
能与这项事业相比。这项极具价值的发明以爱代替残忍，以信
任代替恐惧，以希望代替绝望，以自然代替人造。

幼儿园是"幼儿的乐园"——一个供刚刚被上帝创造出来
的灵魂成长和绽放的地方！你不能强迫一株植物开花，但是你
能够将它放置在阳光下，为它提供充足的养料和露水，其余的
交给大自然。这就和教育一样，我们需要做的仅仅是顺从孩子
成长的条件，将其余的交给上帝。

> **只有当我们与自然并肩时，**
> **我们才有力量。**

只有当我们与自然并肩时，我们才有力量。只有抓住宇宙
的力量，我们才能前进。人是宇宙的一部分，就跟树和鸟是宇

宙的一部分一样。大体上来说，所有动物和所有植物只做对自身最有利的事。福禄培尔认为，人类本性中的所有要素都是无害、无误的，就像自然本身一样。

幼儿园体系只不过是将玩耍作为教育的主要动力。福禄培尔发现玩耍是上帝所制订的教育孩子的方案，因此他才在教育中应用它。

在福禄培尔之前，似乎所有人都认为玩耍对孩子来说纯粹是浪费时间，对成年人而言则是罪恶，任何有乐趣的事都是坏事。直到今天仍有一些人对此坚信不疑。而这些人终将被社会摈弃。1850 年，福禄培尔去世前一年，他说："这个世界至少要在四百年后才会相信我的理论。"

但仅仅七十五年后，我们就发现幼儿园这个概念点亮了整个教育系统。就像只需在一大桶水里加入一滴苯胺染料就足以使每个部分都变色。

让我们期盼教育机会就和美景一样对所有人都免费的那一天。那时候，"教育阶层"和"高级阶层"将不复存在——他们每个人都觉得自己有特权讨论或享受某件事，而其他人却因为出身低微或不幸的生活而没有资格参与。只要我们的同胞被监禁，我们同样也会受到奴役。

但是世界正在一点点进步。去参观参观那些公立学校——任何一所学校——并和它二十五年前的样子比比看。学校里有漂亮的围墙，干净整洁，空气清新，气氛和睦融洽。但是，它并不是完美的——我们还有很多工作要做。

生活中最主要的也是最好的部分便是为自己提供想要的东

西，教育就是发展、创造和谈论你没有的东西，它比用富人为你免费提供的工具和设备获得你想要的东西有意义得多。如果所有的事都已经为我们做好了，那我们就不能为自己做什么了。

能够自力更生就和正确理解一个希腊单词一样重要。工业学院一直没有变化的原因是我们至今还没能培养出既有高学历又在工业领域驾轻就熟的人。世界上有很多人——成千上万的人——可以胜任学院主席一职，但是没有人可以在将年轻男女的精力引向正确道路的同时，还能够扩展他们的知识面。这就是我们的限制所在。我们需要一个人来开创一种课程，这种课程能将实际操作能力与精神提升结合起来，让它们共同推动学员的发展。

胜利的桂冠仍旧在等待这个能将生活和教育紧密结合起来的人。大学的最大问题在于把知识领域与工作领域完全分离，给人们造成这样一种错觉：世界上一部分人应该做所有的体力劳动，另一部分人应该全身心投入学习——也就是说一部分人完全用于观赏，另一部分人则用于实际操作。

但是人人都应该享有接受教育的权利，而不是只有那些运气好的人。

人的要素，而非对史实的记忆能力，决定他是否能成为有用的人。

一所能够最大限度帮助学生塑造个性和人格的学校才是我们未来需要的学校，而不是能够传递大量信息的学校。世界上有哪所大学或学院专注于塑造学生的要素？许多学院对学生抽烟既不约束也不提倡，但是一个不明情况的人若去学院里面，就会发现几乎所有人都有抽烟的习惯，他肯定会以为抽烟是所有学生必须学会的。在学校里，若一个学生没有抽烟的习惯，他一定会被认为有问题。喝酒的情况也是一样，或许没有抽烟这么严重。许多教授甚至带头抽烟。在我们所有的大学和学院里，体育课同样也是学生自愿参加的。学校里体育氛围并不浓厚，但设有田径课，而那些去体操馆的学生大多耻于被人看到。

我不想让你觉得我对所谓的"高等教育"不屑一顾，毕竟大多数大学生对此都十分自豪。大学教育对那些有职业规划的男女青年是有益的，只要他或她在毕业后不觉得自己比那些不幸没有机会上大学的人高人一等（这是一个非常敏感的话题，我并不想因此树敌），只要他或她不在上学期间失去自己的特色和人格。经历了多年的艰苦奋斗，我才敢说我认为自己没有大学学历的事实并没有让我在与有大学学历的人的竞争中占下风。有很多年我一直错误地以为自己没有可能获得成就或为世界做出有用的贡献，就因为我没有上过大学。为此，我不断地锻炼自己。

品尝困难的滋味

一个人所获得的最好教育来自失败、沉重的打击和贫穷。生活经验教会人们彼此关心和帮助，大学教育能做到这一点吗？我并不是说大学教育能够夺走一个人所有的同情心，重点是贫穷和苦难是真正建立同情心的基础。

我的长子刚满五岁。当他还在牙牙学语的时候就比画着命令我把车开出来带他去剧院！从那天起到现在，我一直能看得到我前方的重任——让我的孩子懂得当下的这一代人正在以危险的速度朝危险的方向行进，这都缘于这个国家的经济发展，相对来说人们更易于积累财富。不管未来十年里我的经济状况如何，我必须教会我的儿子这个道理：**想花钱，必须先挣钱**。我必须承认我对这项任务望而却步。

我的本能是为我的孩子们"打造轻松的未来"。但是我的判断力和真实经验告诉我，**为他们"打造轻松的未来"的第一步是"让他们体验困难"**！我的两个儿子都对一美分"嗤之以鼻"。有时候五美分能让他们满足，但大多数时候他们至少向我讨二十五美分。我采用了支付他们固定工资的方法来建立他们的金钱意识。我一周付大儿子二十五美分，小儿子十美分。作为回报，他们必须从后门把报纸拿进屋，并且帮助他们的母亲做家务。他们的母亲决定他们能否在周六晚上拿到工资。任何不守规矩的行为都会让他们支付五美分的罚款，而一些更严重的坏行为则会导致他们一周没有工资。

这些都是简单的家教，但随着我的儿子们慢慢长大，我也会继续用这种具有实际意义的方式教导他们如何**过上体面的生活，同时为世界做贡献**。如果我不告诉他们崇高的有益于人类的工作所带来的价值，他们永远不会学到这一点。

我不希望过贫穷的生活，所有经历过贫穷的人都不愿意再次坠入其中。而那些正在贫穷的皮鞭下挣扎奋斗的人都想尽快脱离它的魔爪。但是，我希望我的孩子们像我一样认识到贫穷的价值。**我希望他们拥有获得教育必要的基础**。然后，不管他们是不是上大学，若他们彻底学到了贫穷这一课，他们一定能够和那些上过大学的幸运的孩子互相较量。

世界上大部分的人都没有上过大学。我写这篇《那个曾经没有任何机会的人》是为了将希望和勇气带给这一大批值得尊敬的人。如果你是其中一员，让我告诉你，**强大的自信心加上希望与意志，比大学文凭更有用**。若没有这些必需的人类要素，世界上没有哪张文凭对你来说是有价值的，它仅仅是一张纸而已。

要是我被要求向我认为最成功的人举杯祝福的话，我会将酒杯向"那个曾经没有任何机会的人"举起。他的肩膀上承载着世界的命运。他本人已经肩负重担，不仅是商业上的，还是社会上的。他正在打理我们的铁路、银行、大量的工业公司。不，应该说他正在指挥世界上最伟大的国家的发展。让我们向"那个曾经没有任何机会的人"脱帽致敬。我们都应该向他表示敬意，但他仍是我们之中最普通的人。他是最平凡的、最具同情心的、最善良的人。他能与我们同甘共苦。

不要为他感到难过——你应该羡慕他！如果你也属于这个阶级，那么好好享受一个人能得到的最珍贵的厚礼！

Chapter Three

彩虹尽头

1922 年塞勒姆学院毕业演讲

致富
的勇气

Napoleon Hill's
Greatest Speeches

　　1922年，拿破仑·希尔收到西弗吉尼亚州塞勒姆学院的邀请，在该校的毕业典礼上做演讲。学校建于1888年，最初是一所教授自由艺术、培养教师和护士的学院。这篇题为"彩虹尽头"的毕业演讲是希尔最有影响力的演讲。

　　当希尔在1922年发表演讲的时候，他正值三十九岁，已经有了多年的写作和演讲经验，但离出版他的第一本书仍有好几年。他热衷于他的演讲事业，只要有听众，他就会四处发表演讲。因为希尔的名声越来越响亮，尤其是在成为一名作家后，许多人都向希尔发出演讲邀请。在拿破仑·希尔基金会的档案馆中，记录了他在全国各地发表了89场演讲——全在一年之内。

　　1922年这场在塞勒姆学院发表的演讲启发国会议员詹宁斯·伦道夫几年后给他写了一封信。希尔在他1937年的作品《思考致富》的前言中提到过这封信（本书的附录中也包含了这封信），并且将伦道夫这封发人深省的信印刷发表。伦道夫在1932年赢得了他的国会议员席位；同一年，富兰克林·罗斯福当选美国总统。

伦道夫将希尔介绍给罗斯福总统，希尔在大萧条期间免费担任总统的顾问。来自白宫的书面通信被保存在拿破仑·希尔基金会的档案馆里。

　　伦道夫后来成了美国的参议员，拿破仑·希尔基金会的信托人。他于1998年去世，他是国会中最后一名曾在富兰克林·罗斯福早期政府中服务过的人。

　　这篇演讲稿是通过J.B.希尔博士细心修复一张刊登了该演讲内容的报纸而获得的，他是拿破仑·希尔的孙子，他在一卷微缩胶卷上找到了这篇演讲稿。J.B.希尔博士的妻子南希重新将它打印出来。以下便是这篇演讲稿。

　　　　　　　　　　　　　　　　——唐·格林

有一个和人类历史一样悠久的传说：在彩虹尽头藏着一罐金子。这个传说能牢牢吸引住想象力无穷的孩子们的心。这或许和人们希冀一朝致富的心态有关。我花了将近二十年企图找到彩虹尽头的那罐金子。在我寻找这道虚无缥缈的彩虹的过程中，经历了数不清的挫折。它将我带到了失败的低谷，又将我投入伤心欲绝的深渊，却一直不停地诱惑我去寻找那罐金子的魅影。

一天晚上，我坐在炉火前和年长的人讨论劳动人民心中的不安和躁动。我当时住的地方，当地的工人工会逐渐显现出其影响力。而工会运动组织者们所采取的方式在我看来太过革命性，太牵强，他们是无法为其带来持久的成功的。那天和我一起坐在炉火旁的一个人说了一句评论性的话，这句话后来成了我所听过的最好的建议。他向我靠过来，紧紧按住我的肩膀，直视我的双眼，说："呀，你是个聪明的孩子。如果你能去上学的话，你一定能在这个世界上做出些什么的。"[1]

这句话给我带来的第一个实际影响是我报了当地的一所商学院。我不得不说这是我做出的最正确的决定之一，因为我有

---

1. 这件事发生在 1902 年，希尔当时 19 岁。他在进入商学院学习前，做过短期的煤矿工人。

生以来第一次在商学院里体验到了人们所说的"公平分配"[1]。从商学院毕业后，我得到了一速记员和会计员的职位，并工作了好些年。[2]

我在商学院里学到了**提供服务的价值比获得的报酬更高的思想**，正因为如此，我进步飞快，总是能够顺利完成很重的任务，当然我也因此挣得了相应的工资。

我很善于存钱，很快我的银行账户里便积攒了上千美元。我正在飞快地朝彩虹尽头奔去。

我的名声也很快传至千里之外，有许多人愿意出高价聘用我。我的服务供不应求，这并不是因为我博学多识（我所受的教育有限），而是因为**我愿意最大限度地利用我所学到的知识**。后来被证明，这种愿意工作的精神是我学到的最有用、最灵活的原则。[3]

后来命运的潮水将我冲到南方，我成了一家大型伐木场的销售经理。我当时对伐木业一无所知，对销售管理也完全没有经验，但是我知道我应该**提供更多更好的服务**。我将这一理念作为我的工作准则，我下定决心要学到一切关于销售木材的知识。

我的业绩非常出色。在那一年里，我的工资涨了两次，我的银行账户里的数目越来越大。由于我将伐木场的销售部打理得井井有条，我得到了雇主的赏识，于是他开设了一个新的伐

---

1. 这种比你得到的报酬付出更多、更好的服务的想法后来演变成比别人加倍努力。
2. 这是在希尔为鲁弗斯·艾尔斯工作期间。
3. 希尔在这里暗示敢于行动的重要性。

木场，并请我作为他的合伙人。

我似乎看见自己离彩虹尽头越来越近。财富和成功从四面八方向我涌来，所有这些更加让我把注意力集中在似乎近在咫尺的那罐金子上。我一直没有意识到成功绝非由金子组成！

看不见的手

这只"看不见的手"让我在我的虚荣心的影响下变得趾高气扬，我一心渴望感受到自己的重要性。在我头脑清醒的几年里，当我对人类历史和时间有更准确的理解时，我思索着这只"看不见的手"是不是故意放任我们愚蠢的人类在我们虚荣心的镜子前欢呼雀跃，直到我们意识到自己有多么庸俗，并停止自己的愚蠢行为。

不管在什么阶段，我的前方似乎都有一条明路。我的煤仓里有煤炭，水箱里有水，我的手控制着节流阀，将它大大打开。然而，命运拿着一根棍子就在转角处等我，这根棍子里填充的并不是棉花。我完全没有预料到这等待着我的打击，直到它降临在我身上。

就像晴天霹雳，一场经济危机和恐慌出乎意料地向我碾轧过来。一夜间，它带走了我拥有的每分每厘。那个和我共同创业的人及时抽身，虽然吓得不轻，但是没有损失一分钱。他留给我的只有一家空壳公司，除了良好的名声外没有任何盈利。我唯一可以做的是靠公司的名气购进价值千万美元的木材。

一个奸诈的律师看到了利用公司的名声和我手头的木材资

源兑换现金的机会。他和一帮人买下了公司，继续营业。后来我才知道，他们买下了所有他们能找到的木材，再转卖给别人，侵吞了大量利润。这样，我在不知情的情况下为他们提供了帮助他们诈骗公司债权人的渠道。事后，公司的债权人才发现我跟公司已经脱离了关系。

一场经济危机和又一次的失败才终于让我将精力从伐木行业转移到学习法律上。世界上除了失败（至少我当时称之为失败），没有任何东西可以让我做出这样的选择。于是，我人生的转折点随着失败向我飞来。**每次失败都包含一个深刻的教训，不管我们是否察觉出来了。**[1]

当我进入法律学院后，我坚信我会做好准备去抓住彩虹尽头，找到属于我的那罐金子。除了攒钱，我心里没有更高尚的梦想，然而我最渴望的东西却像是镜花水月，它无时无刻不在躲避我，总是看似触手可及，实则离我千里之遥。

我晚上去法学院上课，白天在一家车行做销售员。我在伐木场积累的销售经验为我增添了不少优势。我很快便做出了业绩，我遵循**保证提供服务的价值比获得的报酬更高**的原则一路高升，不久之后，我得到了一个建立一所培训汽车组装师和修理师的学校的机会。学校发展得很快，不久，我每个月就能拿到很高的薪资。我又一次看到了彩虹尽头。我又一次看到自己找到了属于我的职业。我又一次坚信没有什么能够阻挡我前进的步伐或转移我的注意力。

---

1. 这证明了希尔早期对失败的积极影响的思考。

　　我的上司也看到了我的发展。我的账户管理员加大了我的信用额度，他鼓励我投资其他产业。当时在我眼里，他是世界上最慷慨的人。他借给我上千美元，甚至没有让我提供担保人，一个签名就搞定了。

　　银行里的这位管理员不断向我发放贷款，直到有一天我欠下了我还不完的债，于是他夺走了我的生意。这一切都发生得太突然了，我完全没有反应过来。我一直觉得这一切不可能发生。看到了吗，在人性这一课上，我仍旧有太多的东西要学。尤其像我的银行账户管理员那样的人——就算是在银行业里，也是鲜有的。

❝ **这次失败是我收获的最珍贵的祝福之一。** ❞

　　我曾经一手经营多项事业，收入可观；我曾经拥有六辆汽车和一大堆我不需要的东西，现在却在贫困线上挣扎。彩虹尽头不见了，许多年后我才意识到**这次失败是我获得的最珍贵的祝福之一**，因为它将我赶出了一个无法帮助我发展人格的行业，它让我把精力投入到一个赠予我有用经历的领域。

　　在这里，我想我有必要提到我在事发的几年后回到了华盛顿，出于好奇，我又去了那家当初发放给我无限度贷款的银行。我以为它肯定还在照常营业，但是出乎我的意料，这家银行破产了。我之前的那位银行账户管理员沦落到穷困潦倒的地步。我在街上看到了他，他身无分文。看着他通红肿胀的眼睛，我心中有了巨大疑问，我人生中第一次思索一个人是不是能在彩虹尽头找到除了金钱之外的宝藏。

我妻子的家人在生意场上有些关系，我通过我的妻子谋到了某个家族企业里的职位——首席律师的助手。我当时的工资比公司给其他新手的工资低得多，比我所应该得到的薪水更是差了许多，但是既来之，则安之。

虽然我在法律业务上经验不足，但是我用我从商学院里学到的这个最基本的理念来弥补我的不足——这个理念就是只要能做到，我一定保证自己**提供的服务的价值比我获得的报酬更高**。

因此，我在公司里做得风生水起。如果我愿意的话，我完全可以在这家公司里争取到一个体面的职位。但是有一天，我做了一件亲朋好友都认为非常愚蠢的事：我突然提出了辞职。

当被问及原因时，我给出了一个我认为十分合理的答案，但是我却很难说服我的家人我做出了明智的选择，更难的是告诉我的朋友我精神正常。我辞去了这份工作是因为我觉得它太简单了，太没有挑战性了，我感觉到自己正在慢慢退化。[1]

这一举动成了我人生中又一个重要的转折点，尽管接下来的十年我尝尽了人间辛酸。虽然我在法律行业的工作稳定安逸，但我仍旧选择了辞职。那时候我和家人、朋友住在一起，他们都认为我有一个光明的、锦绣的前程，我却偏偏选择在这时搬到芝加哥。

我选择芝加哥是因为我认为它是世界上竞争最激烈的地方。我想，如果我去芝加哥，无论在哪个行业做出点名气，我就能向

---

1. 希尔认为"慢慢退化"是导致生活中的失败的重要原因之一。

自己证明我是有真材实料的；或许某一天，我能成就一番伟业。

在芝加哥，我谋到了一个广告经理的职位。[1] 我几乎对广告业一无所知，但是我之前的销售经历帮了我，当然还有我的老朋友——**提供服务的价值比我获得的报酬更高的工作理念**——也在我的收入账户中增加了一大笔钱，使我的收入支出保持平衡。

第一年我就做出了一番成绩。我以惊人的速度回到了我从前的位置。渐渐地，彩虹又出现在我的身边，我又一次看到那罐闪着诱人光芒的金子近在咫尺。在这里我想再次提醒你，我对成功的衡量完全凭借美元，而我对彩虹尽头的希冀除了金子别无其他。一直到那个时候，即使我思考过彩虹的末端会不会有其他东西，这个想法也只是暂时的，很快便消失了。历史上并不缺乏乐极生悲的例子。我正在享受我的人生快乐，对即将到来的生活之悲毫无准备。我猜想没有人能对悲剧做出准确的预测，只有当它到来时才幡然醒悟。但它总有一天会来的，除非这个人的基本生活理念完美无瑕。

我在广告经理这个职位上取得了不凡的成绩。公司的主席对我的工作赞赏有加，后来帮我组建了贝琪·罗斯糖果公司，由我出任主席。于是我的人生转折点又出现了，并为又一次失败埋下了伏笔。[2]

我的公司不断扩大规模，并且我在不同城市开设了许多连

---

1. 希尔在芝加哥的第一份工作是出任拉萨尔的广告经理。
2. 糖果的配方从希尔的母亲莎拉·布莱尔手中流传下来。他的第一任妻子弗洛伦斯非常善于制作这种糖果。

锁店。[1] 又一次，我几乎看到了彩虹尽头。我觉得我终于找到了我愿意终身投入其中的事业。现在，我可以坦白地承认我的业务经营借鉴了另一家糖果店的模式，那家店的西部地区经理是我的好朋友。他所取得的令人咋舌的成功是让我进入糖果产业的主要因素。

有一段时间，一切都进展得十分顺利。直到有一天，我的商业伙伴和另一个后来加入我们生意的合伙人开始筹划如何掌控我的股权却不花费他们一分钱。这是一个典型的"当局者迷"的错误，犯错的人往往并没有意识到自己的错误，直到他们不得不为他们愚蠢的行为付出代价。

有失必有得

我的计划成功了。我比他们想象的要强硬得多。为了不动声色地将我踢出这场游戏，他们以一个莫须有的罪名将我送进了监狱，并说如果我愿意把公司的股权转让给他们的话，他们就不会将我告上法庭。

我拒绝了，坚持要求开庭审理。庭审的时候，原告席上却空无一人。我要求法庭强制原告出席庭审，并召集原告方的目击证人，让他对我提出指控。这一切得到了法庭的准许。

那天的法官是阿诺德·希普，庭审进行没多久，他就终止了审理过程，宣布了案件的判决结果。他说："这是我接触到的

---

1. 根据希尔的传记《一生的财富》，这些城市是芝加哥、巴的摩尔、印第安纳波利斯、密尔沃基和克利夫兰。

最让人恶心的欺压事件之一。"

　　为了保护我的名声，我以诋毁名誉罪向法庭提起诉讼，要求五万美元的赔偿。这一案件在五年后开庭审理，我在芝加哥高级法庭上拿到了一个对我十分有利的结果。这起诉讼案的实质是"侵权行为"，也就是说被告必须对诽谤和诋毁我的名誉的行为做出赔偿。

　　但我怀疑，有人在这五年中提起了另一件诉讼案，它要比侵权行为严重得多，因为我的生意伙伴中的一个，也就是提出要求逮捕我，然后逼迫我交出公司股权的那个人，在我的案件审理前，正在联邦监狱里服刑，而跟我对他提起的诉讼完全没有关系。而另一个人则从人生的巅峰坠落下来，生活在贫穷和耻辱中。

　　芝加哥高级法庭对我的判决是对我人格清白的无声证明，也证明了有一样东西比清白更重要，那就是"无形的手"。它指引所有追求真理的人，它从我的天性中带走了对虚无之物的渴望。我没有领走法庭判给我的那些赔偿款，我永远也不会领走这些钱的！

　　我这样做是因为那些企图摧毁我的名誉而为自己谋利的人，已经一次又一次地付出鲜血和失败的代价。

　　这是我所收到的最珍贵的祝福，因为它教会我原谅他人！它也告诉我"有失必有得的法则"永远成立，以及"你的播种便是你的收获"。[1] 它将我心中最后一个挥之不去的念头："君子

---

1. 补偿法则也有可能"仅仅是报酬"。

报仇，十年不晚"的想法抹掉了。它教会我时间是所有正直之人的朋友，是所有卑鄙小人的终极敌人，它能摧毁他们的伎俩。它让我更进一步理解了耶稣的话："原谅他们吧上帝，他们并不知道自己做了什么。"

教学

现在我要来谈谈我的另一项事业，这项事业比其他任何一项都让我离彩虹尽头更近。因为在这项事业里，我必须动用我所学到的所有知识，探索和研究我熟悉的所有领域；它给了我表达自我和发展自我的机会，这一点对于年轻人来说非常难得。

我将我的重心转移到了教授广告和销售上。[1]

某个睿智的哲学家说过，只有当我们将知识传授给他人时，我们才学到了真正的知识。我作为老师的经历证明这句话说得很对。我的学校是从无到有建立起来的。我有一所寄宿学校和一所函授学校，通过这所函授学校，几乎所有英语国家都有我的学生。

虽然饱受战火的摧残，我的学校仍旧飞速发展，我看着彩虹尽头一点一点地向我靠近。它离我那么近，我几乎可以伸手触摸到那罐金子。

随着我的事业的蓬勃发展，我的名声越来越响亮，一家大公司的主管也因此被我吸引。他雇用了我，让我每个月上三个

---

1. 这所学校名叫乔治·华盛顿广告学院。

星期的班，并开出了十万五千二百美元的年薪——这比当时美国总统的收入都要高出许多。

不到六个月，我便打造出了一支全美最高效的工作团队，大大增加了公司的资产。有人想收购这家公司，他开出的价格比我刚刚进入公司时的价格高出了整整两千万美元。

如果让你诚实地回答，如果你是我的话，难道你不会说自己已经找到了彩虹尽头的金子？难道你不觉得自己已经获得了成功？

我就是这么以为的，但是我却受到了前所未有的沉重打击，一部分原因是公司主管的谎言，但我认为更直接，也是更深层次、更重要的原因，是命运决定让我从中吸取教训。

我薪水中的十万美元是有条件的薪水，我是否能拿到这部分钱取决于我一年里作为职业规划师的表现。但是不到半年，我就察觉到我正在为我的上司不断增加权力，而他却正慢慢被权力吞噬。我察觉到他的末路就在不远处。这一发现让我心痛不已。

从道德上讲，我对那些美国人投资到这个公司的上万美元资产负责。但从法律上来说，这和我一点儿关系也没有。

最后，我终于将这件事报告给公司的这位主管，告诉他他要么成立一个资金监控委员会来保护公司的资产，要么就接受我的辞职。他听了我的话后哈哈大笑，因为他根本不相信我会终止合约，放弃十万美元。或许如果我不觉得自己对上千名投资者有责任的话，我的确不会这么做。我辞去了我的职务，公司申请破产。所以我做了我所能做的一切，来保护这家公司免遭一位贪婪的年轻人的破坏。这么一点点欣慰是我用嘲讽和十万美元换来的。

一时间，我的彩虹尽头看上去那么缥缈，那么遥远。有时候我确实会思考是什么让我像傻子一样丢掉了一笔巨款，而那些我试图保护的人永远也不会知道我为他们做出了什么牺牲。

在我的最后总结中，我会将我从每个重要的失败经历和生活里程碑中学到的知识汇总起来，呈现给你们。但在此之前，请让我告诉你们我的最后一次失败。我必须回到那个极具历史意义的一天——1918 年 11 月 11 日。众人所知，那天是休战纪念日。像许多人一样，我因为激动和喜悦喝得酩酊大醉。

我那时差不多是身无分文，因为战争摧毁了我的事业，我不得不从事战时工作。但是当我听到这场大屠杀终于结束时，我激动万分，理智终于又将在这片大地上展开它造福于人类的翅膀。战争摧毁了我的学校，要不是我们的学生被迫参战，要不是我认为自己有责任在祖国需要我的时候及时响应，我一年能从这所学校的经营中获得超过一万五千美元的收入。休战日那天，我站在离彩虹尽头很远很远的地方，甚至比二十年前我在煤矿里漫无目的地做工时的境况还要糟。那时我站在煤矿口，想着前一天晚上那个善良的人对我说的话，却意识到我和一个煤矿工人想都不敢想的成功之间隔着千山万水。

成功站在你每个失败的阴影中

但是我又感受到了幸福！那个曾经在我头脑里游荡的想法又

一次进入了我的意识，提醒我询问自己是不是在彩虹尽头寻找着错误的宝藏。我在打字机前坐下，心中并没有什么特别的思绪。但出乎我的意料，我的双手开始在打字机的键盘上演奏出一首美妙的乐曲。**我从来没有像这次一样迅速、流畅地写作。我完全没有用心思考我在写什么——我就这么写啊写啊，不停地写。**

当我停下来的时候，我有了一份五页长的草稿。虽然我向来都是个思想坚定的人，但是这篇草稿却不建立在我任何有组织的思想上。就是这篇文章，催生了《拿破仑·希尔的黄金法则杂志》。我将这篇文章拿到一位富人面前，念给他听。我还没有念完，他就答应为我的杂志提供资金。就是在这种戏剧性的情境下，一个在我心中沉寂了二十多年的梦想开始苏醒。二十年前，我的一番话让那位老先生将他的手放在我的肩头，向我道出了激励我一生的话。那时候，同样的想法在我心中油然而生，就是让"黄金法则"成为所有人的精神导师的想法。

我一直都想成为一名报社编辑。二十多年前，我还是个小男孩，常常帮我父亲操作印刷机，他那时候发行一份小报纸，我渐渐喜欢上了印刷机的油墨味。

我想让你注意的那件重要的事是我找到了属于我的职业，并且乐在其中。奇怪的是，这份工作是我那条漫长的追寻彩虹尽头之路的顶点，但我却完全没有因为想找到那罐金子而开始这份工作。

同样，这份杂志完全从零开始。不到六个月，全世界所有的英语国家都有它的身影。世界各地的人都开始了解我，这就直接导致了 1920 年的公共巡回演讲，我走访了美国每个大城市。

之前，我的敌人和朋友几乎一样多。但最近，一件奇怪的事发生了：自从我开始了我的编辑写作生涯，我突然多出了成百上千个朋友。今天，有十万人坚定不移地和我站在一起，因为他们相信我，相信我的话。

是什么带来了这个变化？

如果你了解相互吸引的法则，你就能轻松回答这个问题。因为情投意合的人才会相互吸引，所以，一个人会根据他心中占主导地位的思想和观点来吸引朋友或树立敌人。一个人不能以好斗的心态来结交朋友。当我在我的第一期杂志中宣传黄金法则时，我也开始尽可能地将它应用到我的日常中。

单纯地相信黄金法则的正确性和在实践中刻意地运用它是完全不同的，这是我在第一次撰写杂志的时候领悟到的真理。这番领悟让我突然之间明白了一条法则，这条法则渗透于我思想宝库中的每一个角落，主导我的每一个行为，让我愈加通情达理。而这条法则正是耶稣登山宝训中的话，是他对人们的训诫："对待他人如同你希望被他人对待的那样。"

在过去的三年里，我给成百上千的人送去了黄金法则的思想理念。这些思想潮流在不断传播中影响越来越大，并给我带来了那些接受我的理念的人的赞赏。

我第七次也是最后一次迅速地朝彩虹尽头奔去。似乎所有失败的栖息地都被破坏。我的敌人被逐渐感化变为朋友，况且我每天都在结交上千个新朋友，但是仍旧有一个终极考验在等待我。

我之前也说过，我一直怀着坚定的信念朝彩虹尽头前进，世界上没有任何东西可以阻挡我的脚步，我一定能够获得我的金子，连同所有成功的探索者所能期待的奖励。

像是晴天霹雳，我又一次被深深打击！

不可能的事发生了。我的第一本杂志《拿破仑·希尔的黄金法则杂志》不仅一夜之间被人从我手上夺走了，而且我利用它所产生的影响也被用来当作打击我的武器。

又一次，人们辜负了我，我产生了对人的消极想法。当我终于意识到真理并不存在于黄金法则中时，我简直无法承受它给我带来的沉痛打击。毕竟，我通过我的杂志的每一页上的每一句话来向成千上万名读者传达黄金法则的理念，我通过演讲亲自向人们说教，同时也以身作则，最大限度地上依照黄金法则做人行事。

这是检验真理的关键时刻。

我的经历证明了我心爱的法则是错误的，它不过是诱骗没有受过教育的人的陷阱？还是我即将学习到最关键的一课，这一课能为我的后半生建立起这些法则的真实性和有效性？

这些问题紧紧压迫着我。

我并没有很快找到答案，我做不到。我受到的惊吓如此之深，以至于我不得不停下脚步，大口喘气。我一直在教导人们一个人不可能通过偷走另一个人的思想、计划或财物而致富。但是我的亲身体会却似乎证明了我所说过的话、写过的文章都是谎言，因为那些偷走我的智慧之子的人不仅靠它欣欣向荣，还用它来阻止我实行造福全人类的计划。

几个月过去了，我却仍旧止步不前。

我被丢弃在一边，我的杂志被人夺走了。我的朋友同情地看着我，就好像我是落败的"狮心理查德"。有些人说，我在经历这一切后会更加强大。另一些人则说我完蛋了。风言风语在我耳旁飘过，但是我仍旧诧异地看着这个世界，感觉就像是一个正在经历噩梦，却怎么也醒不了、怎么也无法动弹的人。

我真的是在经历一场白日噩梦，这场噩梦紧紧地抓住了我。我的勇气灰飞烟灭。我对人性的信心灰飞烟灭。我对人类的爱如风雨中飘摇的烛火。渐渐地，我改变了自己对最崇高、最理想的人类典范的观点，即使这些观点我珍视了二十年。过去的几周就像是永恒，我度日如年。

一天，乌云终于散开了。

再厚重的乌云也终有散开的一天。时间是愈合伤口的魔术师。时间能治愈任何病态的或无知的人，有时候我们之中的大部分两者均沾。

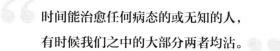

**时间能治愈任何病态的或无知的人，
有时候我们之中的大部分两者均沾。**

我人生中的第七次也是最后一次失败将我打入我所经历过的最严酷的贫穷中。我几乎一夜之间被迫从装修豪华的家搬入一所只有一个房间的公寓。这场打击偏偏选在我即将抓住彩虹尽头那桶金子时在我心中留下一道又深又丑陋的伤痕。在这场噩梦里，我不得不跪在贫困的尘埃中，咽下我种下的苦果。但是，当我拒绝投降的时候，乌云便迅速散开了，就像之前向我涌来时那么快。

我昂首挺胸面对我所经历过的最艰难的考验。或许史上没有人比我更身经百战——至少这是我当时的感受。

邮递员把寥寥几封信递到我的住处。正当我要拆开信件的时候，我眺望着西方那并未完全消失的红日。对我来说，这是极具象征意义的一刻，因为我同样在西方看到了希望的红日。我打开了第一封信，在我打开的一刹那，一张存单飘落到地上，正面朝上，两万五千美元。我一动不动地盯着那张纸片，看了足足有一分钟，怀疑自己是不是在做梦。我向它走近了些，将它捡起来，并开始阅读随它一起寄来的信。

这些钱是给我的！我可以随时从银行将它取出来。要用这笔钱我只需遵守两个小小的条件，但是这两个小小的条件却要求我在道德上违背我所宣传的一切理念，要求我将个人利益放在集体利益之上。

接受最大考验的时刻来了。我是要接受这笔巨款并用它作为继续出版杂志的资金，还是将它退还，继续过我的穷困生活？这是我面对的第一个问题。

接着，我听到我内心的警铃声。这次，铃声更为清晰。它让我全身血液涌动。随着铃声作响，一个无比强硬的指令闯入了我的意识，这个指令立马改变了我大脑中的化学组织，这是我从未体验过的。它是一个积极的、惊人的指令，它为我带来了一条明确清晰的信息。

什么补偿也没有，它让我将这两万五千美元退回去。

我犹豫了，但是铃声不绝。我的双脚似乎被粘在原地，令我无法动弹。最后，我做出了决定。我决定遵从指令，除了傻瓜，没有人会误解这条指令。

就在我做出决定的那一刻，我向窗外望去。在落日的余晖中，我看到了彩虹末端。我终于抓住了彩虹尽头。我没有找到金子（除了那些我即将退回去的钱），但是我找到了比世界上所有金子加起来都更加珍贵的东西。我听到了一个声音，我并不是用耳朵听到的，而是用心听到的。

这个声音说："上帝站在你每个失败的阴影中。"

彩虹尽头给我带来了原则的胜利而非装满黄金的罐子。它拉近了我与这个宇宙中"无形之手"的距离，也让我下定决心，将黄金法则的哲学理念播种在千千万万疲惫的、正在寻找彩虹尽头的宝藏的旅行者的心中。

> **彩虹尽头给我带来了原则的胜利**
> **而非装满黄金的罐子。**

在 1921 年 7 月刊的《拿破仑·希尔杂志》中，我的秘书写了一则我的故事，这件事直接导致我做出了拒绝财政帮助的决定。如果我接受这笔钱，那个为我提供钱款的人就一定会控制我的笔杆。这件事并不是独立事件，在我身上发生的每件事都包含足够的证据，向所有明智之人证明黄金法则是有效的，证明"有得必有失"的原则在现实中成立，证明"你播的种便是你的收获"。

我不仅得到了《拿破仑·希尔杂志》初期所需的资金（在早期阶段，杂志的利润并不够维持出版），更重要的是，这份杂志在同类杂志中以前所未有的速度发展。读者和公众深切体会到我们的工作态度和热情，并为我们带来了不断增长的利润。

最重要的经验教训

现在，让我来总结一下我在寻找彩虹尽头的路上学到的最重要的几堂课。我不会提到所有的经验教训，只有那些最重要的。我希望你能靠你自己的想象力领会我学到的经验教训，而不是依靠我的详细说明。

在我寻找彩虹尽头的路上，我学到的第一堂课也是最重要的一堂课是，我看到了上帝真诚地安慰人心的形象。其他的不说，光做到这一点就十分不容易了。我的一生一直漂浮不定，这正是因为那只"看不见的手"，它操控世间所有的事。但是我在找彩虹尽头的路途中的七个转折点，终于让我得出了一个让自己满意的结论。至于我的结论是正确的还是错误的，这并不重要，重要的是它让我感到满意。

我所学到的重要的教训如下。

我学到那些我们以为是敌人的人实际上是我们的朋友。在我经历了这些酸甜苦辣后，我绝不会回到过去抹掉我所面对过的任何一项考验，因为每项考验都给我带来了验证黄金法则和得失法则正确的充足证据。通过这些法则，我们因为自身的美德而获得奖励，因为自身的愚昧而接受惩罚。

我学到时间是每个将真理和正义作为他们的思想和行为准则的人的朋友，时间是所有那些做不到这一点的人的终极敌人。

虽然有时候，应得的奖励或惩罚姗姗来迟。

我学到了唯一值得我们拥有的黄金是来自我们帮助他人获得幸福的过程中的满足感。

一个接一个，我看着那些曾经辜负我的人被失败击倒。我亲眼看到他们中的每个人都遭受了比当年他们让我遭受的挫折痛苦百倍的挫败。我之前提到的那个银行管理员后来穷困潦倒；那几个夺走我在贝琪·罗斯糖果公司的股权并企图毁坏我的名声的人都以失败告终，其中一人被判入狱。

那个用我十万美元的工资敲诈勒索我的人（尽管我为他带来了大量财富和影响力）落入了贫穷的深渊。在这条最终通向彩虹尽头的路上，每个转折点都让我看到了对黄金法则不容置疑的证据。如今我正有序地将这一哲学理念传播给成千上万的民众。

最后，我学到了倾听心中的铃声，它在充满疑问和犹豫的人生十字路口为我指引方向。我学到了追随那个我迄今为止仍不知道的源头，是它在我希望知道往哪里走、做什么的时候给我鼓励和提示，这些鼓励和提示从来没有将我带向错误的方向。在我最终停下来的时候，我凝视我书房的墙壁上诸位伟人的画像，我敬仰他们，向往他们的人生。其中有不朽的林肯，在他那张为谋求众生的幸福而饱经风霜的脸上，我看到了隐隐一丝微笑；从他的嘴唇中，我能够真切地听到这些充满魔力的话：**"勿以怨恨对待任何人，请将慈爱加给所有的人！"** 在我心灵深处，我听到了那神秘的铃声，它又一次为我带来那句进入我的意识中的最伟大的话，我希望以此信息结束这篇文章："上帝站在你每个失败的阴影中。"

Chapter Four

成功的五种基本要素

在 1957 年塞勒姆学院本科生毕业典礼上的演讲

致富
的勇气

Napoleon Hill's
Greatest Speeches

1957 年 6 月 2 日，拿破仑·希尔被邀请到塞勒姆学院发表本科生毕业演讲，这距离上一次他在同一所学院发表毕业演讲（1922 年）已有三十五年之久。

　　在《校友回声报》——塞勒姆学院的校报上，刊登了一篇题为《今日集会》的通讯。报纸对希尔博士做出了如下评价：

　　　　拿破仑·希尔，哲学家、作家和教育家，他致力于教授他人如何在生活中取得经济和精神上的成功，他在此领域的学生数量无人可及。他将于 6 月 2 日星期日上午 8 点，在塞勒姆学院的报告厅发表本科生毕业演讲。

　　　　在他充满传奇经历的一生中，他建立了"成功的科学"，这项学科奠定了任何人都可以获得他们追求的成功的理论基础。

　　　　此外，希尔先生还是许多公司主席、工业领袖、政府领导的密友和顾问，其中包括富兰克林·罗斯福、伍德罗·威尔逊、安德鲁·卡内基和亨利·福特。事实上，是卡内基先生向他提出了研究成功的建议，他的研究最终诞生了"十七条成功法则"。

有成千上万人感谢希尔先生激励他们朝人生的更高处攀登，并最终获得了他们之前不敢想象的成功。不仅如此，他还为他们带来了一步一步的实践性方法，帮助他们圆梦。

"只要敢想，就会成功"是希尔先生的哲学中心。

"你能够成为任何你想成为的人，"他说，"只要你有足够的意念相信自己，并根据你的信念行动。"

据估计，全球有六千万人读过他最著名的书《思考致富》并从中受益匪浅，此书最初出版于1937年。

拿破仑·希尔于1883年12月26日在弗吉尼亚州的怀斯县出生，当地盛产"月光酒、山地、文盲和无可救药的家庭纷争"。虽然出身贫寒，他被冠以"拿破仑"这个非同寻常的名字，以缅怀他富有的叔父。

为了资助他的教育，希尔先生在二十五岁的时候起步了一项新事业。他开始撰写成功人士的生平，并由田纳西州参议员鲍勃·泰勒发表在当年一份很有影响力的杂志上。

詹宁斯·伦道夫也承认希尔帮助他成了首都航空公司的执行经理，成就了他事业上的理想。伦道夫在1933年将他引荐给富兰克林·罗斯福，希尔因此成了总统顾问。是他激发了罗斯福的灵感并成就了那篇著名演讲《我们唯一害怕的是害怕本身》，演讲在大萧条最艰难的时期减缓了经济衰退的速度。

希尔先生一直对塞勒姆学院很感兴趣，也在过去的几年里为我们提供了大量帮助。他于1922年在这里发表过毕业演讲。他是《无限成功》杂志的出版人。他也是许多自我发展类图书的作者，包括《思考致富》。这本书销量超过六千万册，并被翻译成多种语言在其他国家发行。他最新的一本书题为"如何提高你的薪水"。

希尔已婚并育有三个已成年的儿子。他和他的妻子定居于加利福尼亚州的格兰岱尔市。

从1922年他对包括詹宁斯·伦道夫（西弗吉尼亚在国会的代表）在内的二十五名毕业生发表演讲一直到现在，希尔的生活发生了翻天覆地的变化。伦道夫先生在美国国会中任职多年，是希尔的朋友，并在后来成了拿破仑·希尔基金会的信托人。

在 1957 年的这场演讲上，希尔被授予塞勒姆学院的荣誉文学博士学位。

——唐·格林

我在这里原话复述，词典上对毕业典礼致辞的定义为："对毕业生在毕业典礼上所做的临别训示。"

我要对你们说的并不是训示，更不是告别！

事实上，我对你们说的话是一句问候，我很荣幸在这里热烈欢迎你们离开学术界，进入商业的世界。

我真诚地希望，我的口才能够让你们感到我说的话亲切易懂，因为我想让在座的每一位年轻男女都觉得我是在直接和你们对话。因为只有当你觉得言语和你息息相关时，你才会从我说的话中获得最大的收获。

换句话说，我希望当我结束演讲时，不会让你们觉得自己像是那位周日礼拜完成后和牧师握手的女人，嘴里说着："这次的训诫可真是动人啊！你所说的每句话我都能将它和我认识的某个人联系起来！"

或者，我可以讲这位牧师的故事。这位牧师想在他的布道上传达一个信息，说我们中有些人适合在阳光下成长，而另一些人则适合在阴影中发展。

"知道吗，"牧师对他的听众说，"你必须在光亮处种植玫瑰。但如果你想要你的倒挂金钟开花，你就得将它们种在阴凉的地方。"

布道结束后，一位女士握着他的手说："牧师先生，我真是太喜欢你的训诫了！"牧师听了心花怒放。但是好景不长，女士接着说："知道吗，我在之前一直不知道为什么我的倒挂金钟不开花！"

> **我希望你们每个人都学到如何播种那些能够给你带来精神和物质幸福的种子。**

很遗憾，你们今天不会从我这里学到怎样种植倒挂金钟。但是从某种意义上来说，我所要传达的信息的确也能用在园艺上。从我今天说的话中，我希望你们每个人都学到如何播种那些几年后能够给你带来精神和物质幸福的种子，并且你们每个人都能学到一点如何管理生活这个花园的技巧——就像那位种倒挂金钟的女士那样。这样我就心满意足了。

另一方面，我希望你离开这里的时候不会觉得自己像个第一次去教堂的小女孩。当牧师问她觉得布道如何时，她回答："嗯，我觉得音乐还不错——但是你的训诫太长了！"三十五年前的那个夏天，我站在同一个讲台上对塞勒姆学院的毕业生做演讲。

那是 1922 年，第一次世界大战刚刚结束。在那场规模宏大的战争中，美国是将胜利带给同盟国的决定性因素。我们的祖国刚刚开始成为世界上最强大的政治和经济力量。因此，在 1922 年塞勒姆学院的毕业典礼上，我自然而然地向毕业生们描绘出一幅美好宏伟的前景图。那个时候，我能够有力地号召毕业生们不要错失遍地的个人发展机会。我能够准确地预测我们的国家将进入历史上工业和经济发展的鼎盛期。但是有一些东西——我在这里坦然地承认——我是无法预测到的。其中之一就是三十年代的经济大萧条。

另一件事则是第二次世界大战及共产主义的崛起。这几乎像是上帝的旨意将未来的面纱掀起一个角，让我们预见前方的美好，却仁慈地遮住即将到来的邪恶！在过去的三十五年里，我很幸运地看到了我在1922年夏天做出的预测相继被现实验证。但我必须承认，即使是我那天最疯狂、最乐观的梦想也无法描述如今辉煌的现状！毫无疑问，现场在座的人中一定有几位1922年的毕业生。我相信他们会原谅我在那时候没有预见到人类在科学和文化领域取得的突破。毕竟，谁能在1922年想象得出核能、航天和电子工业的飞速发展，或者人类对时间和距离的征服？我怎么敢在1922年的时候预测人类能够以声速两倍、三倍的速度飞行？要是我这么说的话，一定会被老师和毕业生们嘲笑着轰下台。

（看向学院主席）难道不是吗？

这里有一堂对你们这些年轻人有益的课，那就是：无论我今天的话听上去多么乐观、多么充满希望，无论我如何放飞我的想象力，无论我把未来描绘得多么灿烂，我都无法向你们呈现出一幅未来三十五年人类将取得的辉煌成就的全景图！

说到这里，我想起了一位华盛顿的出租车司机，他有一次载着一位游客路过国家档案馆。大楼上镌刻着一句格言：

"历史即序言。"

"这句格言是什么意思？"那位游客问。

司机回答说："意思是你还没见过世面呢！"

你的一生中注定要见到的东西、要经历的伟大进步，都是难以形容的！

很多年前，我提出一条理论，从那时起，人们就常常谈起这条理论，以至于它现在听上去像是陈词滥调。但是，我的言论的真实性仍旧每天都能得到证实，这一点无法改变。我的理论是什么呢？它就是：**只要敢想，就能成功。**

真的，我年轻的朋友们，你们的未来——你们的成就和事业——只会被你们想象力的局限所束缚！

毫无疑问，你们每个人都会经历失望和暂时的挫折。毫无疑问，集体性的悲剧——或许是战争或许是经济危机——也会深深打击你们这一代人，就和之前的危机打击了你们的前辈一样。

但是在此我想告诉你另一条真理，这条真理是我在过去的五十年里从个人成功的科学中提炼出来的：**每一次挫折都孕育着成功的种子。我重复一遍：每一次挫折都孕育着成功的种子。**

一切靠你

但是你必须靠自己来发现这粒种子，浇灌它，将它培育成硕果累累的参天大树。没有人能够为你做这些事。我们每个人，在造物主的帮助下，书写我们自己的命运。同样，我们每个人必须找到他赠予我们的挫折中隐藏的那些好处。

让我再一次重复我的这两条理论，它们是你靠信念建造的成功生活的支柱。第一条是**只要敢想，就能成功**。第二条是**每一次挫折都孕育着成功的种子**。

如果你能掌握这两条理论，那么你就已经在通往幸福的路上跨越了两大步。

你在过去的四年里表现出了努力、奋斗和坚持不懈，你已经为自己将要踏上成功之路做好了准备。在这四年里，你已经为成功的花园准备好了肥沃的土壤，当然塞勒姆学院的老师也为你提供了大量帮助，你在翻土、添加养料，为播种做准备。

不要让任何人诋毁大学教育给你带来的价值。它给了你塑造未来的极大优势。只有当你有了几年的生活经验后，你才会充分意识到你从大学里这些优秀男女身上学到的知识是多么弥足珍贵。每过一年，我相信你一定会对他们更加心存感激。

今天，你从塞勒姆学院毕业了，你将要种下在日后会给你带来丰收的种子。在这件事上，我想给你一个警告：千万不要等太久才撒下你的种子！现在，你正处在人生春光烂漫的时期，这个时候你应该决定你想在生活中收获什么。你推迟播种的时间越长，你获得丰收的时间也越晚。

现在，我的朋友们，是时候向你们，阐明我今天演讲的中心思想了。

我被请到这里来告诉你们，我认为成功的五种基本要素或特征是什么。

你或许会问，我凭什么在这个话题上有资格发表意见？我希望在你的一生中，你都会对任何宣称自己是权威人士的人保持这种敢于质疑的精神。

奥利弗·戈德史密斯曾经说过："你的生活比你的嘴唇更加擅长说教。"所以，请你允许我在这里分享我的个人经历，来证明我在个人发展这一领域有足够的权威。

那是1908年，作为一个年轻的杂志撰稿人，我与安德鲁·卡内基这位钢铁大王取得了联系。关于卡内基的故事你肯定听过很多也读过很多。其中一些人对他故意贬损。但是让我告诉你，在我与他长达多年的交往中，我从来没有见过一个比他更高尚、更热心、更关爱人类的人。

他的爱心的最高体现就是他建议我开展这项提炼人类成功的哲学的任务。他真诚地希望包括你们在座的所有人，能够避免无头苍蝇般不断尝试不断犯错的成长方式，因为他自己就是这样才走到他今天的位置的。

我听从了卡内基先生的建议，在他的帮助下，我花了二十年采访了几百名各个领域的成功人士。

他们之中的很多人成了我的好朋友，其中包括托马斯·爱迪生、亚历山大·格雷汉姆·贝尔和亨利·福特。

通过这项研究，我总结出了"成功的科学"。它由十七条法则组成，这些法则决定了一个人是成功还是失败。

成功的五项必备要素

今天我将向你们呈现其中的五条法则，它们也是成功人士所必备的五种要素。如果应用得当，它们可以将你从你现在站着的位置带到你渴望去的地方，一切由你做主。

但是，我必须提醒你，天上不会掉下来免费的馅饼。每样东西都是有偿的。就像爱默生所说："除了你自己，没有什么东西可以给你带来宁静。除了原则的胜利，没有什么东西可以给你带来宁静。"

让我们用简单的话来转述这句智慧的训诫：除了你自己，没有什么能够给你带来成功。

除了正确应用这些成功的法则，没有什么能给你带来成功。

让我一一列举这五项获得成功所必需的要素。它们是：

1. 目标明确；

2. 团结协作；

3. 比别人加倍努力；

4. 自我约束；

5. 实用的信念。

目标明确

任何成就都以明确的目标开始。除非一个人明确自己想要什么并调整自己的心智使其采取必要的行动，不然他是不可能获得成功的。

一个人怎样根据明确的目标调整自己的心智呢？很简单，在自己心中深深埋下持久的信念！

我可以给你举无数个例子向你证明有一个明确的目标能给你带来多大的好处，但是没有一个例子比芝加哥的 W. 克莱门特·斯通的故事更能说明这个道理。

在我的书《思考致富》出版之后不久，斯通先生便读了这本书。那个时候，他是一名保险推销员，收入平平。那是 1938 年。

当斯通在书中读到选择一个明确的生活目标的必要性时，他从他的口袋里拿出记事本，写下了下面这句话："我的人生目标是：最迟到 1956 年，我要成为世界上最大的专做有法定准备金的人身保险和意外保险公司的主席。"

斯通先生在这句话下面签上自己的名字，每天对自己念一遍，直到它深深印在他的意识中。因为他知道自己想要什么，所以当机会降临的时候，他一下子就看到了。当他得到一个收购美国联合保险公司的机会的时候，他以坚定的决心一步一步达到了他的目标。他靠着自己的努力，这家公司现在成了他梦想中的公司——世界上最大的专做人身保险和意外保险的公司。

在这里，我加一句，斯通先生还付出大量时间和精力帮助他人达到他们的目标——赞助"成功的科学"这门远程教育课程，以及出版月刊《无限成功》。

斯通先生之所以成功，是因为他知道自己想要什么，相信自己一定能得到它，并坚守这个信念，直到他得到了一个能够给他带来成功的机会。

思想的力量似乎能将一个人的目标和目的化为现实。这种力量并非人为，却是供人所用的，让他有能力掌控自己的命运。

就好比是，我们带着一封密封的信来到这个世界，这个信封里装着长长的饱含祝福的清单，我们每个人都能通过信仰和使用心智的力量来享受这份清单上的每个祝福。但是这个信封中还装着一份惩罚清单，那些无视思想的力量并置之不理的人将会受到惩罚。

这份礼物是我们唯一能够完全掌控的。因此，它是我们拥有的最珍贵的东西。

请记住：**不管你拥有什么，你必须理智地使用它——不然你就会失去它**。这就需要你做到不屈不挠地确立你的人生意义并将你的身心全部投入到达成这个意义上。

还有，请记住，"手高眼低"的现象并不存在。因此，不要害怕力争上游——高处风景独好。

这就让我想起了伟大的传教士德怀特·穆迪，他和另一位牧师试图说服一位富裕的女士为一栋建筑的确设出资。在走进她的别墅前，穆迪问另一位牧师他们应该让那位女士募捐多少钱。

"哦，"牧师说，"大概250美元。"

"我觉得在这件事上你最好让我来。"穆迪回答道。

当他见到那位女士时，穆迪平静地说："我们来这里是想请你出资两千美元，来支持我们的教堂建设项目。"

那位女士惊恐地挥手，说："哦，穆迪先生，我最多只能给你们一千美元！"

于是，穆迪和另一位牧师带着一张一千美元的支票离开了别墅。

这个故事的中心点是，如果你们没有抱负和野心，生活是不会给你们年轻人额外的果实的。你或许不会获得你想要的所有东西，但是除非你选定了一个明确的生活目标，否则你不可能指望获得任何东西！

还有，记住：**你的目标不能和积累物质财富有关。**

阿尔贝特·施韦泽、乔纳斯·索尔克和达米安神父等人都达到了他们的人生目标。他们中没有一个人是为自己谋利的，连一美元的利益也没有得到。的确，除了将你的人生目标设定为为人类服务，我想不出有什么更加高尚的方式能让你们获得幸福和心灵的平和。

另一方面，我要强调财富和内心的平和并不相互冲突。通过诚实的劳动所获得的财富是上苍对你的祝福——尤其是当这个富人愿意用自己的财富帮助他人，并认为自己是全人类的仆人时。

在选择你的目标的时候，请记住在如今这个世界，没有不可能的事。就像罗杰斯和哈默斯坦在《灰姑娘》里说的那样："不可能的事每天都在发生。"

作为一名新闻记者，我曾报道过弗吉尼亚州阿灵顿郡的莱特兄弟的事迹，他们在说服海军他们有一台会飞的机器的过程中付出了不少努力。

接连三天，我坐在我的车里看奥维尔·莱特和威尔伯·莱特不断地尝试将他们的飞机飞上天。最终，它在空中飞行了几秒钟，然后坠毁到地面，粉身碎骨。

一位站在附近的老先生说："他们永远别想让那东西飞起来，是吧，孩子？如果上帝想要人类飞翔，他会给他们翅膀，我说得没错吧？"

那个时候，似乎这位老先生的确说得没错。但是，要是这位老先生几天前和我一起坐着现代飞机，以每小时三百英里的速度在离地面五英里的高空飞翔，还享用午餐的话，不知道他又会发表什么言论？

如何拥有五个成功要素中的第一个？

赶紧决定——最好在接下来的几周内决定——你生活的主要目标是什么。将它清晰、详细地写在一个笔记本上。签上你的名字，记住它，一天至少大声念三次，来确保你对自己能够达到目标的信念毫不动摇。

在同一个笔记本里，详细地写下你打算如何一步步达成你的目标。写下你计划最长用多少时间达成你的目标。还有，请详细描述你为什么认为自己能够达成你的目标，以及你计划为此付出什么。后者非常重要，请慎重考虑。

> **时刻将你的目标放在眼前。**

时刻将你的目标放在眼前，这样你的**潜意识可以通过自我暗示不断帮助你实现目标**。

除此之外，不要忘记在祈祷中寻求指引。在你的一生中，你的精神必须和你的身体一同成长。祈祷和工作能够共同给我们带来内心的平和。

一个故事能很好地说明这一点。一个修道院的院长听到一个修士对"祈祷与工作"这条修道院格言提出了疑问，于是他邀请年轻的修士和他一起去划船，并主动划桨。

过了一会儿，年轻人看到长老只用一支桨划船，说："如果你不用两支桨的话，你只能在原地打转，哪里也去不了。"

"你说得没错，孩子。"长老说，"一支桨叫祈祷，另一支叫工作。你必须同时用两支桨才不至于原地打转，哪儿也去不了。"

这几年里，我生活中的酸甜苦辣让我对祈祷的含义有了更深刻的理解。因此，我现在总是以以下这些话来结束我的祷词：

　　哦，无穷智慧，我不求更多的祝福，只求您给予我更多的智慧，让我更好地利用您最美好的祝福，即您在我出生时就赠予我的祝福——遵从和决定如何运用我心智之力量的权利。

智囊团的力量

接下来，我们来说说成功所必需的五个要素中的第二个，也就是**团结协作**。它允许两人或更多人联合起来共同运用他们的力量来营造和谐的氛围，以达到终极目标。

是安德鲁·卡内基率先将这条原则介绍给我的，我当时询问他是如何积累起如此庞大的财富的，他坦白地说这都是其他人努力的结果——那些能够团结协作的人。接着，他一个个说出了这些为他的成功做出贡献的人的名字。

卡内基明确地告诉我，虽然**任何人都能够获得成功**，但一群在完美、和谐的环境中共同协作的人所取得的成功，要比个人的成功大得多，因为他们的才能、教育和性格互相弥补。

《独立宣言》是由这个国家最了不起的一群人起草的。五十六名勇士在文件上签下了自己的名字，他们明知道自己是在拿生命和财富冒险。这就是完美和谐的最高体现——而它产生的结果在很大程度上改变了整个人类的命运。

我强烈希望你能在三个社交场合，根据团结协作的理论将你自己和他人联系起来：你自己的家、教堂和你工作的地方。用心去完成任务，这样你就能在成功、心平气和及健康的路上遥遥领先。

一次又一次，我见证了以团结协作为理论基础的组合或联盟——在和谐的环境里工作的一群人——创造了不可思议的结果。

比如说，单凭一个人，是否能完成开发核能源的科研工作？绝对不能！一个人在一生中能取得的成就有限，但是通过和他人共同为一个目标奋斗，需要几百年才能完成的成果在更短的时间内就能完成。

比别人加倍努力

成功所必需的五要素中的第三是**比别人加倍努力**。在《登山宝训》中，耶稣教导我们："如果有人要求你和他一起前进一英里，那你就前进两英里。"

比别人加倍努力的意思是提供比别人要求的更多、更好的服务，并且以积极、乐观的心态去做。

我所认识的每一个成功人士都有这个提供比别人要求的更多、更好的服务的习惯。

在这里我想讲述三十五年前我在塞勒姆学院毕业典礼上第一次见到的一个人的故事。这个人对你们来说都不陌生。当然，我说的是詹宁斯·伦道夫。我要提一句，在我的公司里，大家都亲切地称他为"礼貌先生"。

在完成了塞勒姆学院的学业后，詹宁斯被选举为国会议员，在那里他为西弗吉尼亚人民勤恳服务了十四年。我想在这里举一个例子来告诉你们，他是如何做到比别人加倍努力的。

每逢夏天国会休会的时候，大部分议员都回到自己的家乡做自己的事去了，但詹宁斯却仍旧留在位于华盛顿的办公室，和往常一样管理他的手下，为他选区的选民提供高质量的服务。

他并不需要做这些工作，没有人要求他做。他即使做了也不会得到额外的收入——也就是说，政府是不会因为他加班而给他加工资的。

所有的成功都以目标明确起步。一个不知道自己想要什么的人以及不知道为了得到想要的东西自己必须做什么的人，是没有成功的希望的。

终有一天，这个比别人加倍努力的工作习惯会给你带来巨大的回报。他敬业的要素吸引了首都航空公司主席的注意，随即他将詹宁斯任命为主席助手和首都航空的公共关系总监。

三十五年前，我第一次在塞勒姆学院做毕业演说时，詹宁斯·伦道夫听我讲述了一个人通过比别人加倍努力工作会获得什么好处。我说的话在他心里留下了深刻的印象，使他深受启发。就在那一刻，他决定全心全意地遵循这条原则，在他生活的每个方面都应用它。

詹宁斯·伦道夫已经发家致富，他的朋友遍及全国各地，因为他很早就意识到无论你对他人或为他人做什么事，其实就是对你自己或为你自己做什么事——没有相应的付出就没有相应的回报，尽管有时候我们所得到的回报并非直接来自我们付出的心血。

爱默生说："有些人愚蠢地以为自己被辜负了而一辈子生活在痛苦中。但是一个人只可能被自己辜负，不可能被别人辜负。 被别人辜负的可能性就和一样东西既是黑又是白的可能性一样小。在所有的交易中都存在一个沉默的第三方。事物的天性和本质保证了每一场交易都公平公正，因此，诚实的买卖是不会给你带来损失的。如果你为一个毫无感激之情的人服务，那么更加卖力地工作，你的所有付出都会得到回报的。你付出的时间越久，你得到的回报越多，这个小金库能给你带来很多的利息。"

当保罗·哈里斯从法学院毕业时，他遇到了发展客户的难题。

他之前从未听说过比别人加倍努力这样的法则，但是他却能够把这一法则充分地运用到他的工作中。因此有一天，被他婉拒的客户比他接受的客户多得多。

他的计划非常简单，他每周邀请一批商人和职业家到被他称为"旋转俱乐部"的地方和他共进午餐。这个俱乐部的作用是让其中的成员互相认识、互相合作，并将外人介绍给俱乐部的成员。

这个计划大获成功，如今旋转俱乐部是一家国际性组织，致力于帮助全世界人类的发展。没有什么能阻止你们这些渴望进入事业领域的年轻人借鉴保罗·哈里斯的原则，并将其应用于实践。它可以扩大你的交际圈，为你带来良好的名声，就像当年它为保罗所做的一样。

自制力

成功所必需的第四种要素是**自我约束**。意思是在心理和生理上对自己有完全的掌控。**自我约束的最初阶段是极度渴望成为自己的主人**。要想使这种渴望保持高度活跃，你就必须认识到当一个人成了自己的主人后，他也会成为其他许多事物的主人——包括我们在人生道路上遇到的失败、挫折和难题。

还有一个动力能够使你不断追求对自我的掌控，那就是认识到造物主赋予你的掌控自己心智不可侵犯的权利是多么可贵。

麦洛·C. 琼斯曾在威斯康星州阿特金森堡附近的一个小农场里工作。他工作时间长，负担重，家里的每个人都必须在农场里帮忙才能使他们不挨饿。

一天，灾难降临了。麦洛患了身体麻痹症，完全失去了控制自己身体的能力。他永远也无法再干农活了。

每天，他的家人将他的轮椅推到门廊，他就这么坐在阳光下看其他人在农田里干活。

他病倒三个星期后的一个早上，他发现了一件无比振奋人心的事——自己有一个灵活聪慧的头脑。

因为他的头脑是他唯一可以用来练习自我控制的器官，所以他便开始频繁地使用它。因此，他产生了一个想法，这个想法给他和他的家人带来了幸福和财富。

他把他的家人都叫到身边来，他说："我想让你们在我们的每寸土地上都种植玉米，并用这些玉米来喂猪。在猪还小、肉质还鲜嫩的时候，将它们宰杀做成'小猪香肠'。"

很快"小猪香肠"成了美国家喻户晓的产品，麦洛·C. 琼斯在有生之年见证了他的想法使他成了富人。尽管他发现头脑的力量时已不年轻，但是我相信你们每个年轻人都会在事业的起步阶段就认识到这一点：**你发现头脑的力量是无限的**，除非你将自己包裹在怀疑、恐惧、毫无野心或没有明确目标中。

养成自我约束力的第一步就是试图完全控制你的心智，并将它对准你的人生目标。从中你不仅能够获得智慧，也能获得物质和精神上的发展。

然后，你需要学会控制怒气。要做到这一点，你必须认识到如果你不愿配合，没有人能够使你生气。因此，你完全没有必要给别人你的准许。

你还需要学会控制性欲。你必须学会将这股强大的力量转变为能帮助你达到人生目标的动力。

你需要学会控制你的语气，确保你的语气既温和又有说服力。

你需要学会控制一切进入你身体的物质，包括食物、饮料、药品、酒和烟。记住，你的身体是上帝的神庙，让你用来保护你的心智和灵魂。

你需要学会控制你的人际关系。

你需要控制你的思考习惯，不断地思考和计划你想得到的东西和条件，不要去为那些你不在乎的东西浪费时间。

你需要控制拖延的习惯。

你需要控制爱情。如果你付出的爱情得不到回报，安慰自己你才是从中受益的人，因为表达爱意能升华你的灵魂。因此，不要在没有回报的爱情上浪费时间，掐灭人一生只能爱一次的想法。

你需要控制自己让自己认识到，不管你身上发生了什么，或许好事或许坏事，其源头很有可能来自你自己——不管是你的想法还是行为，还是你的无作为。

我给你提的这些要求并不简单。

但是如果你对自己的未来关心在乎的话，你可以一点一点地达到这些要求。当你达到所有要求的时候，你会对自己、对你成功的潜能、对你的弱点和强项都有更透彻的认识。你将会做到充分利用造物主赐予你的力量来控制你的心智和肉体。

实用的信念

我们即将谈到第五种也是最后一种成功的必要因素。它就是实用的信念——建立在行动和思想上的信念。

信念被称为"灵魂的主动力"，它是一种心态。通过信念，一个人的目标、渴望、计划和目的才能被转化为其在现实中对应的事物。

坚持信念的初级阶段是对"无限智慧"的存在和不可阻挡的力量的认可。在现实中，建立在未经过认证的猜想上的盲目迷信并非信念。

信念是导引！信念自身并不能给你带来你想要的东西，但是它能够给你指出一条追求你想要的东西的明路。

只要拥有信念，你就能做到任何你认为自己做得到的事，只要它不违背自然规律。

当弗兰克·W. 根绍鲁士博士还是芝加哥南区的年轻牧师时，他的追随者没几个，收入十分微薄。但是，他一直怀着一个理想，他想建立一所新型教育机构，里面的学生花一半时间学习书本上的理论知识，另一半时间在实际操作中练习技术。

他需要一百万美元来启动这个项目，因此，他通过祈祷来寻求解决方案。他的努力很快给他带来了意想不到的结果——他想到了一个能给他带来他所需要的资金的方法。

他写了一篇名为"如果我有一百万美元会做什么"的布道，并在芝加哥的报纸上公布他将会在下个星期日做布道。

那个周日的早晨，在他离开家去教堂前，他双膝跪地，向上帝做了他有生以来最诚挚、最热烈的祷告。他向上帝祈祷他的布道会吸引某个能够为他提供资金的人的注意力。

然后，他向教堂进发。当他将要站上布道坛的时候，他意识到他把自己精心准备的布道词遗落在家中了——他根本来不及回去取。

"就在那一刻，"根绍鲁士博士说，"我又向上帝祈祷。几秒钟后，我得到了答案。他说：'站上讲台，将你的计划告诉你的听众，向他们展示你灵魂深处所有的热情。'"

根绍鲁士博士照做了。他描述了他一直以来想创办的学校，他想怎样经营这所学校，他能给学生们带来什么样的好处，以及他需要多少钱来维持学校的运作。

那天听他布道的人都说他之前从来没有这么激情澎湃地演讲过，之后也再没有过。这是因为他受了上帝的启发，一心想为人们提供有益的服务。

当他的布道结束后，一个陌生人从教堂后排站了起来，慢慢地从过道走到他身边，轻声对他说了几句话，又慢慢走回到他的座位上。

教堂里寂静无声。

然后，根绍鲁士博士大声说："我的朋友们，你们刚刚见证了上帝的奇迹。刚刚走上台对我说话的人是菲利普·D. 阿穆尔。他问我是否愿意去他的办公室，他愿意为我提供我建设学校所需的一百万美元。"

阿穆尔的捐款促成了阿穆尔科技学校的建立，根绍鲁士博士出任校长。最近几年，这所学校成了伊利诺斯科技学院的一部分。

"整件事最奇怪的是，"根绍鲁士博士说，"我为什么等了这么久才向上帝祈求得到解决困难的方案？"

同一问题也困惑着其他人，他们迟迟不向上帝祈祷，直到他们尝试了其他所有的方案都没有得到想要的结果后才付诸行动。

这或许就是为什么祈祷往往只能给你带来消极的结果，尤其是当一个人心中不曾怀有信仰、刚刚经历过灾难或大难即将来临时。

当我看到我的第二个儿子天生没有耳朵的时候，我学到了关于祈祷的力量的重要一课。

医生们尽可能温和地将这个坏消息带给我，希望减轻它对我的打击。在最后，他们说："当然，你的儿子永远都会是个聋哑人，因为没有一个像他这样的人能够学会听或说。"

"只要敢想，就能成功。"

这是一个检验我的信念的关键时刻。我告诉医生们，虽然我还没有见到我的儿子，但是有一件事我确信无疑——他不会作为一个聋哑人过完一生的。

其中一个医生走上前来，将手搭在我的肩上，说："醒醒吧，拿破仑，这个世界上有一些东西，无论是你还是其他人都无法掌控，这就是其中之一。"

"没有什么事情是让我完完全全束手无策的，"我回答道，"我深陷在一个不幸的境况中，我一定要阻止它将我的心击碎。"

我通过祷告来影响我的儿子，甚至在我见到他的第一眼前就开始祈祷，就这样我每天要花几个小时在他身边念祷词。三年后，很明显他可以听得到声音了，但是我们不知道他到底能听到多少。

到他九岁的时候，他的听力水平达到了正常人的百分之六十五。这足以让他上小学、高中，并去西弗吉尼亚大学完成三年的本科课程。当助听器公司为他打造了一副电子助听器后，他获得了正常的听力——就像我之前对医生们说的那样。

从这次经历中，我写下了我的格言："只要敢想，就能成功。"在我写下这句话的时候，我双眼充满悲伤的泪水，情感上的压力简直撕裂了我的心肺。

但是，无论如何我也不能否认，这次经历是我整个人生中最丰富的经历，因为它将我从一场残酷的考验中安全地带出来，这场考验让我学到了**我们唯一的局限就是那些我们自己在内心设立并接受的局限**。

现在，我已经告诉你们成功所必需的五种要素了。如果你打算开启通往你的人生目标的大门的话，你可以使用它们。

距离上一次我站在这里已经过去三十五年了，这三十五年里取得了许多科学进步，我期待在未来的三十五年里能看到更多的发展。但是这些发展并不会仅仅存在于科学领域，它们也会出现在人性本身。

尽管核战争的威胁给我们带来了黑暗的恐惧，一股新生的希望正扫过大地。人们的确正在觉醒，意识到四海皆兄弟。我们不仅在物质世界快速进步，在精神世界同样也大步前进。人类历史上从来没有像现在这样，有这么多的人付出他们的时间、精力和财富来帮助其他的人。

对你们年轻人来说，没有什么目标比加入这支无私奉献者的队伍更伟大的了。

记住，我们不去寻找幸福，我们创造幸福。不像你标价卖出去的东西永远不会再回来了，你给予他人的滴水之恩，他人某天必当涌泉相报。

基督教成了人类文明的一股强大推动力，因为它的创建者付出了生命的代价，并怀着祝福将它送给全人类。

他教诲我们要怀有兄弟友爱之情，正因为如此，我将这些信息传达给你们，希望它们能帮助你铲除生活道路上的荆棘，让你离你的人生目标更近一步。

Chapter Five

奇迹人生的创造者

1952 年，拿破仑·希尔在一次牙医集会上发表演讲，那时候，他已经处于半退休状态了。希尔在六十九岁的时候仍旧抓住了这个在芝加哥发表演说的机会。

　　1908 年，希尔采访了钢铁大亨安德鲁·卡内基，是他激励了希尔用一生追求成功的哲学。

　　在这次的牙医集会上，保险业巨富 W.克莱门特·斯通对希尔做了开场介绍。当斯通还是个青年的时候，他得到一本希尔的畅销书《思考致富》并因此大受启发。他将上千本《思考致富》送给身边的人，所有在斯通的保险公司上班的员工都得到了一本。

　　在集会上，斯通坐在希尔身旁，希望他能够重新开始全职工作，教授成功的哲学。希尔答应了斯通的请求，条件是由斯通担任希尔的总经理。这两位伟人于是提出了未来五年的合作计划。不过事实上，两人一起工作达十年之久。在此期间，希尔常常用到斯通的例子，来证明成功哲学的真理性。

　　希尔和斯通一起在许多城市开展演讲。斯通在希尔私人生活中的影响也是巨大的，使希尔在退休的时候身家百万。

1960 年，希尔和斯通合著了《通过积极思考获得成功》，这本书立即成了畅销书。五十多年后，这本书在美国和其他国家仍旧销量惊人。

　　《奇迹人生的创造者》是希尔和斯通的共同成果。演讲的前言是斯通对希尔的完美介绍。

——唐·格林

今天晚上，我想跟你们分享几个奇迹。我这么做只有一个原因，那就是今晚的观众中有一个人的人生将更上一层楼。不然的话，希尔博士和我就是在浪费我们的时间。你们也在浪费你们的时间，因为成功哲学背后的理论督促人行动。

1940 年我在盐湖城召开了一个销售会议。在会议开始前，我走在大街上。当我回犹他酒店时，正巧路过一家煤炭店。在橱窗里，有一块四英尺（约 1.2 米）高、四英尺宽的立方体煤块，在这个煤块前放着一本书。这本书的名字叫《思考致富》。

我在 1938 年的时候从别人手中得到这本书，从那时起，我免费送出了上千本《思考致富》。就像我之前说的，我见证了奇迹。因此我走进店里，想和店主说几句话。如果你们之中有人来自盐湖城，或者去过那里，或许你们对那家煤炭店有印象，它叫马丁煤店。

我问马丁先生他为什么要把这本书放在煤块前，然后我又向他解释了我对这本书的情结：它是怎样帮助人们解决个人难题的，它是怎样帮助人们解决财务问题的，它是怎样帮助那些走投无路的人另辟蹊径的。或者，用拿破仑·希尔的话来说："每次挫折都孕育着成功的种子。"他们将逆境转化为自己的优势，并且庆幸自己经历了这些磨难。

马丁先生对我说："我要告诉你一件我从未对陌生人说过的事。我并不把你当作陌生人，因为我们俩有这么多相似的地方。"他说："几年前，我的生意伙伴和我有两家公司（一家煤炭店和一家碎石店），两桩生意都负债累累。因此，我们想到可以将其中一家店卖掉，来填补另一家店的赤字，但是到头来并没有卖出去。一次偶然的机会，有人送给我一本《思考致富》。""短短几年里——"他说，"这我一般不会告诉陌生人——两家店都还清了债务。现在，除去日常支出，我们现今的资产加上存货一共有十八万六千美元。"他拿出他的账簿给我看。

去年 8 月，我在芝加哥的滨水海滩酒店给吉瓦尼斯俱乐部——北岸吉瓦尼斯俱乐部——的成员做了一次关于《思考致富》这本书的演讲。我依照我的习惯，将一些书送给听众，尤其是那些我认为已经准备好了的人。其中一个是一位年轻的牙医——赫伯特·古斯塔夫森医生。一个月后，赫伯特医生打电话给我，问我是否想见见拿破仑·希尔。他告诉我希尔正在给一个牙医小组做讲座，而这个小组正好在芝加哥。我心中万分惊喜，因为我以为希尔博士已经去世了。幸运的是，他还好好地活着。

我去听了那个讲座。午餐时，我被安排坐在希尔博士旁边。我们讨论了哲学，又谈到了贝特格的《从失败到成功的销售经验》这部电影。我说他也应该拍一部关于《思考致富》的电影。我们就这个话题聊了一会儿，然后他说他会回到芝加哥的，到时我们一起看看有没有可能拍这部电影。

过了两三天，希尔博士听从了我的建议，从退休生活中走出来继续全职工作五年。他只有一个条件——就是我担任他的总经理。这就是为什么我今晚站在这里。

亚伦先生跟你们提到了拿破仑·希尔学会。公司的目的只有一个——只有一个——那就是传播安德鲁·卡内基教授给拿破仑·希尔的美国成功哲学。

在过去的一年里，也就是公司运作的这一年里，我们拼命工作的这一年里，我们亲眼见证了奇迹。在我自己的公司里，我见证了业绩平平的推销员成了顶尖销售高手。那些每周只能挣125美元的人将他们的工资提升到了每周三百、四百甚至五百美元。也就是说，他们做了不可能的事。

在我们的课堂上——我看到在场的也有我们的学生——比方说在我们的夜校，我们通过鼓励和激励学生帮助自己来帮助他们。要解决一个问题很简单——用智慧解决问题很简单——只要你知道应该怎么做。

> **" 希尔博士的文字……将成功的科学**
> **简化为一个简单易懂的配方，**
> **路人甲路人乙或任何高中生都能毫无困难地掌握它。"**

厄尔·南丁格尔说，希尔博士的文字的神奇之处在于，它们将成功的科学简化成一个简单易懂的配方，路人甲路人乙或任何高中生都能毫无困难地掌握它。

让我来说说关于我们学生的一些故事。最近让我印象深刻的一件事是关于一个叫格罗姆耶的年轻人的，或许你们之中有人认识他。他是位音乐老师，他报了一门长达十七周的课程。在第三周，他在课堂上用十五分钟时间来证明一位音乐老师是不可能一周挣超过一百美元薪水的。

在遇到这种课时，我的教学理念是彻底解决这个学生的问题，而不是泛泛而谈到头来什么问题也没有解决。所以，我们花了一个小时时间试图解决他的难题。后来我收到一封来自格罗姆耶的信，信中，他为没有来上最后几堂课道歉。他说："首先，你可能会高兴地听到我的睡眠质量大大提高了。我不像以前那样总是神经紧张了。"他接着说："我一辈子都会感激拿破仑·希尔学会的。"他又说："你还记得在我学会成功哲学前，有一次说音乐老师是不可能一周挣超过一百美元工资的吗？但是我要告诉你一个有趣的消息，在过去的十周里，我每周的平均收入在 375 美元到 385 美元之间。"

发生在我们课堂里的类似故事很多很多。那么，我为什么要告诉你这些呢？因为当拿破仑·希尔和我决定启动这个"五年项目"时，我们也决定了要在这五年或十年里完成五十年的工作。为了做到这一点，我们必须培养出许多拿破仑·希尔。我们必须有雄厚的师资力量，我们必须有许多联系人，我们必须建立起一套完整的系统，使所有想获得成功哲学的人都能得到它。

在我们工作期间，没有一天我的办公室里不走进来一个从美国甚至世界偏远地方来的人。上周，一个人从罗马飞来我的办公室——他给欧洲人、亚洲人和非洲人教授成功哲学。这门哲学和社会阶级制度背后的理念完全相悖，阶级制度与美国哲学完全相悖。成功哲学宣扬每个人都能获得他所梦想的东西。

如果你今晚没有其他事的话，请牢牢记住下面这句话，请将它深深地印在你的记忆中："梦想，坚信，成功。"如果你真的相信这句话，你就会得到一种力量，一种能让你获得任何你在生活中想要的东西的力量。当你看到一个拥有这种内心力量的人——这种内心力量也就是上帝给予这个人达到一切内心所追求的目标的力量，你就会发现我们之中那些乐于帮助他人的人能从这个过程中获得乐趣和激励。

关于拿破仑·希尔，我有一句话可以说，你自己判断他是否合格。我可以花一整个晚上的时间告诉你关于拿破仑的故事，让你理解我为什么称之为"拿破仑·希尔，奇迹人生的创造者"。如果你准备好了，请专心听。仔细听他的演讲，将他试图传达的信息带回家。谢谢！

——W. 克莱门特·斯通的前言

女士们，先生们，晚上好！知道吗，每个人都无与伦比，只要你深入了解他们。我所从事的工作之一就是在合适的情况下将人们聚集在一起，让他们发现彼此身上的优点。

我的演讲将分为三个部分，在三个晚上进行。我由衷地希望能和你们之中的一部分人深入了解彼此，所以我要将你们带回故事的开始，在我成为风靡全球的人物之前。我要将你们带回到弗吉尼亚西南部——准确来说是怀斯县——山脚下的一个小木屋。许多年前，就是在这个只有一个房间的木屋里，我出生了。但其实，这一切也没有你们想象的那么久远。

我清楚地记得那个木屋里的设施。那里有一张桌子，桌面通过合页被固定在墙面上；如果不用的话，可以将它折叠起来。那里有一张床，床上的床垫是由切碎的农作物外壳做成的。它跟我们现在用的弹簧床垫完全不一样。那里有一个大烤箱，家里人用它来烤面包。家里有一匹马、一头牛和一只猪，是上一代牲畜产下的。我的父亲和母亲就是在这样的条件下生存的。

当我降临于世，我继承了四样东西：贫穷、恐惧、迷信和文盲。所以，女士们，先生们，理论上来说，我在这个世界上完全没有可能逃离怀斯县。我的出生地是穷乡僻壤，以三样东西闻名——用玉米酿的烈酒、响尾蛇和山里人的纷争。直到一件了不起的事发生了：我的母亲去世了，我的父亲将一位新的母亲领回了家，她是我这一生中认识的最可敬的人。

成功的科学

她之所以可敬，是因为当我最需要积极影响的时候，她给我带来了巨大的鼓励。现在，为了能给你们这些牙医带来一些启发，我要告诉你们我的继母是一个多么会利用资源的人。甚至在那个时候，她就已经将成功的科学应用到生活中了，只是我当时不知道，那时我还没有以现在的角度看待事物。我的继母有一套假牙，仅仅是上排牙齿。那时候，我从来不知道有假牙这种东西，我之前从来没有见过假牙。

从那时起，我对它有了深入了解。一天早上，她正在准备早餐，不小心摔碎了她的假牙。我的父亲走过去将假牙的碎片拾起来，然后在手中将它拼好，又盯着它看了几秒钟然后说："玛莎，知道吗，我觉得我可以做出一副假牙来。"她放下手中的锅碗瓢盆，跑到父亲身边，紧紧搂住他的脖子，又抱又吻，说："我就知道你能做出假牙。"那时候，我心想："天哪天哪，真是个奇怪的女人！要让我老爹做假牙？我知道他能做马掌，我见过他钉马掌。但是做假牙？这可真是天方夜谭。再说，他要去哪里弄来做假牙的骨瓷呢？"

我没把这件事放在心上，一段时间后，有天我放学回到家，当我进入院子时，闻到了一股奇怪的臭味。我走进屋子，看到炉火上放着一只形状怪异的水壶。我问我的继母那是什么，她说："那是硫化机。你父亲出去了一趟，我们把需要的设备都弄齐了。他今天上午做了我牙齿的模型。他做出了一副假牙，它们正在壶里烧制呢。"

过了一会儿，他们把水壶从炉灶上拿下来，带到河边将它冷却，冷却后他们才能将这一大块熟石膏取出来。我父亲用刀将熟石膏刮下来，然后拿起一把马锉刀——我不知道你们有没有听说过马锉刀，我不知道现在人们还用不用马蹄锉。马蹄锉是一种在给马蹄钉上马掌后将马掌外的马蹄锉掉的工具。他对使用马蹄锉非常熟练，干净利落地将假牙上多余的橡胶锉去，然后拿起一片砂纸磨去假牙上的棱角，将它放进了我母骨瓷亲的嘴里。不管你信还是不信，牙医们，那副假牙几乎完美。

于是，我的父亲开始学习牙科学。他到铁匠店里为自己打造了一副钳子。他自己又做了一个小工具，他把它称为"引擎"；他可以用脚控制这个工具，使它具有钻孔的能力。然后，他跨上马背，在弗吉尼亚州、田纳西州和肯塔基州的山间行医。没过多长时间，我们就开始有钱了。

他就这么工作了三年，直到有一天，一名治安官走进我们村子，他胳膊下夹着一本厚厚的律书。他说："是这样的，希尔医生，《弗吉尼亚法律》第 506 条和第 540 条说明，你不能在无证的情况下做牙医；如果你这样做的话，你有可能被判入狱。"于是，我的父亲去了当地政府，想知道怎样才能继续从事牙医行业。当他回到家，我看到他骑着马走在山谷里的时候，我知道他得到了坏消息。他下了马，说："玛莎，这事完了。我不能再做一名牙医了。他们告诉我我必须通过考试，当然你也知道，我肯定通不过考试的。"她说："看着我，希尔医生，我将你培养成一名牙医并不是想让你给我带来失望。要是你需要通过考试的话，你一定会像其他人一样通过的。你必须去学校。"我当时想："异想天开的女人！异想天开的女人！我老爹去上学？怎么可能？他们根本不会让他踏入校园的，更别提进入教室了！"

女士们，先生们，她将我父亲送入路易斯维尔牙医学校学习了四年。第一年，他获得了学校颁发给学生的所有奖牌；第四年，学校没有允许他与其他学生竞争奖牌，因为他们知道他肯定会赢。看到了吗？当他进入学校的时候就已经比某些人毕业时更出色了。我的继母用她前夫留下的人身保险金为父亲支付了学费。

女士们，我希望通过这个故事给你们一个扶持你们的丈夫的范例：如果你真的拼尽全力的话，你们的丈夫能够获得前所未有的成功——我并非只是在开玩笑。或许，这条哲理能够给你带来的好处之一是鼓励妻子对成功感兴趣，并激励她们的丈夫用这个哲理获得成功。

这位了不起的女士在将我的父亲培养成一名牙医后，握住我的手。她说："看，你是家中的长子，我们得决定你今后应该做什么。"最后，在她的影响下，他们下定决心要将我培养成报社撰稿人。曾经有一段时间，我为十六份报纸供稿，当然它们都是县城小报。

在那些没有新闻的日子里，我就编造新闻，相信我——其中一些非常精彩：山里人的纷争、"月光酒"、缉私队等等。我可以告诉你，我们有大量的创作源泉。有一天，我写了一篇故事，讲的是邻居的农场被突袭，我将这场突袭描述得十分生动形象，后来发现那里的确有一口蒸馏锅。文章引来了稽查队，但他们来晚了三十分钟，邻居们把蒸馏锅藏起来了。后来那个农民到我们家来，告诉我的父亲如果我再写任何关于"月光酒"蒸馏器的文章，我就会被赶出怀斯县。于是，那成了我写的最后一篇关于"月光酒"的文章。

在我为报纸写作的过程中，女士们，先生们，我终于学到了一项本领，这项本领给我带来了采访哲学家、慈善家及工业家安德鲁·卡内基的机会。

我的弟弟和我被乔治敦大学的法学院录取，我们立志成为律师。我们没有钱，但是我有写作的能力。我向弟弟保证我会写关于成功人士的文章，并将它们卖给杂志社；我会用稿费来支付我们的学费的。幸运的是，我的第一项任务是去匹兹堡采访安德鲁·卡内基。他给了我三个小时时间。当三个小时过去后，他说："这次采访才刚刚开始。来我家吧，跟我一起度过这个夜晚。晚饭后，你可以接着采访。"他将我在他家中留了三天三夜——相信我，我真的是受宠若惊。我不知道这一切对我来说意味着什么。

一个平民的经济哲学

他不停地和我讲我们需要新的哲学。他说："从苏格拉底和柏拉图时代，一直到威廉·詹姆斯和爱默生，我们有许多哲学。但它们大多数都是关于人生道德层面的。我们真正需要的是适用于所有普通人的经济哲学，让他们从像我这样的人的经历中学到有用的知识。"

他说的话在我听来十分在理，但是，我不知道"哲学"这个词是什么意思。终于，在第三天快要结束的时候，他说："我已经跟你说了三天我们急需新的哲学。现在我要问你一个问题：如果我将你任命为这套哲学的作者，给一些经验丰富的人写介绍信介绍你（你可以将这些人的经历和你自己的结合起来），你愿不愿意花二十年时间研究他们——是的，你需要花这么多的时间——这段时间里的花销都需要你独自承担，我不给你任何补贴。你愿意还是不愿意？"

女士们，先生们，我在一生中面对过许许多多的难题和艰难的选择，但是我觉得我从来没有遇到过比这更加尴尬的问题。因为就在卡内基先生将这个重任交给我的时候，我的手插在口袋中玩弄着里面的钱——这些钱只够我回华盛顿的路费。要是那几天我住在旅馆里而不是卡内基先生的家中，我剩下的钱肯定更少。我当时连"哲学"是什么意思都不知道，而世界上最富有的人想让我免费为他工作二十年。这难道不是个困境吗？

我想告诉卡内基先生……我做了你们，至少是你们中的大部分人，在同样的场合都会做的事。你觉得我做了什么？如果你面对同样的提议——为世界上最富有的人免费工作二十年，你会做什么？

对，是的，我的确也想这么做。但是我心中的某样东西阻止我张口，直到我意识到卡内基先生将我留在这里三天，一定有他的原因。他一定是在我身上看到了我自己没有看到的要素。而且，这个人——卡内基先生以善用人才闻名。如果不是他知道我有能力做到，他是不会让我去做这件事的。我描述不清发生了什么，但是一个沉默、隐形的人出现在我身边，将头凑过来，对我的耳朵轻声说："去吧，告诉他你'愿意'。"

于是我说道："卡内基先生，我不仅接受这项任务，我还向你保证我会完成它的。"他说："我喜欢你说的这句话，我知道你一定做得到。你得到了这份工作。"除了将我介绍给我需要认识的人之外，卡内基先生唯一为我做的是在工作初期支付了我的花销。

他介绍给我的第一个人是亨利·福特。他说："我想让你去底特律，去见亨利·福特。仔细观察他，因为总有一天，他会主导整个汽车行业，还会成为钢铁业第二大亨。"

那是1908年，1908年的深秋，女士们，先生们，我去了底特律，在那里待了两天寻找福特。当我找到他时，他正从一家店的后门走出来。他穿着一条工装裤，戴着一顶皱成一团的大礼帽（或常礼帽），双手都是机油——他在店里捣鼓一些机器。我记得我和他握手的时候他弄脏了我的袖口。然后我和他坐下来谈了半个小时，他的大部分话都是"是"和"不是"——基本上都是"不是"。我想，像卡内基先生这样的伟人怎么会犯这样的错误呢，竟然会认为福特先生会在任何领域成为领导人。我不会浪费时间讲后来发生了什么，我想你们都知道。

自从我有幸进入许多人的生活，我了解了他们的缺陷和美德，他们的失误和错误。1928年，正巧是我为卡内基先生工作的第二十年，我开始写作。我写了八卷书，总结了我学到的哲学，并将这些书命名为《成功法则》。书在康涅狄格州的梅里登出版，并在全世界发行。

后来，我写了《思考致富》，它并不包含完整的哲学理念，不过同样在全世界发行。通过已逝的圣雄甘地的帮助和协作，我所有的书都在印度出版，销量达到百万。它们被翻译成葡萄牙语，在整个巴西销售。上百万本特别版在大英帝国被卖出。总而言之，我认为整个人类历史上没有一个作家，无论是在哪个领域，像我一样在定义和优化成功的科学并将它带给人们上发挥了如此大的作用。

对我来说，女士们，先生们，这次经历中最重要的事是我不再是那个年轻的小子，没有文化，没有钱——直到一年前当W. 克莱门特·斯通先生加入我的团队，我从来没有得到过任何资助。尽管如此，这套哲学的价值传遍了整个世界，并使千万人受益。在这里我只想说：谢谢。非常感谢。

我还要告诉你另外一件事，希望你不要认为我只是在炫耀我有多么聪明。我只想说，若没有那股隐形的力量指引我、帮助我，这一切都是无法实现的。你心知肚明，我也一样。

你跟地狱一样疯狂

在我采访完卡内基先生后，我回到了华盛顿，告诉我弟弟发生了什么。他静静地坐在那里，一句话也没有说，直到我把整个故事讲完。然后，他站起来，朝我走来，将他的手放在我的肩膀上，把我向他的身体拉近。"拿破仑，我们还是两个在怀斯县格斯特河边赤脚乱跑的小孩时，我就一直觉得你有问题。

但是，"他说，"从现在起，我再也不会怀疑了，因为我知道你跟地狱一样疯狂。"我是照搬我弟弟的原话。

我想告诉你们，女士们，先生们，当他在说这些话的时候——因为我已经离开了卡内基先生，他伟大的人格所给我带来的影响已经淡去了，我又一次坠落到生活的残酷现实中——我想告诉你们我弟弟的话似乎很有道理。那时候，我遭到了一次又一次的拒绝。我的亲戚中没有一个人不赞同我的弟弟对我的评价。在我所有的亲朋好友中，只有一个人和我站在一条战线，她说："你能够做到的，你一定会做到的。"她就是我的继母。你现在知道我为什么说她是我见过最了不起的女人了吧。但是，我的生命中有两个真正伟大的女人——两个。一个是我的继母；另一个是我的妻子，她是我的至交，是我的专业批评家但又是我最好的朋友。我对其他人奉献的一切，以及我在将来做出的所有贡献，都应该归功于这两个女人。

女士们，先生们，我要给你们一些此哲学理念在现实中应用的例子。我想让你们做几件事：打开你面前的文件袋，你会发现十七条成功法则中的六条印在资料上。在我给你这些成功法则实例的同时，我想让你们观察这六条法则中有哪几条出现在我即将告诉你的个人案例中。

你会看到第一条成功法则是**目标明确**。这是第一条。在这个世界上，若没有明确的目标，没有人能够取得任何有意义的成就。我提及过生活的主要目标。当然，你可能有小目标。但是如果你想成为人生赢家的话，必须放眼未来，期待你还没有获得的东西，一些你认为可以代表成功的东西。

第二条法则是**比别人加倍努力**。它的意思是，提供比别人期待的更多、更好的服务。你应该时刻遵守这条工作法则，并以快乐积极的心态遵守这条法则——就像今天的所有人一样。难道不是吗？你们知道吗，女士们，先生们，我们现在生活的这个时代，最大的罪恶就是大部分人不但不愿意多走一步路，上帝保佑你，有些人甚至连第一步也跨不出。他们不能做到跨出第一步，宁愿靠政府的救济金过活，其他什么也不愿意做。请别对别人说我说了这样的话，因为他们可能以为我是政客，但我不是。但事实的确如此，有些人做一天和尚撞一天钟——这是我们如今的经济问题之一，这一点毫无疑问。

这个国家由先驱者建立起来，由敢于抓住机会的人建设，由追求人生梦想的人建设，由勇敢的人建设，由不知畏惧的人建设。这样的人正是我如今希望用成功哲学培养出来的人——那些创造了我们的国家的人。

第三条法则是**团结协作**。团结协作这条法则的意思是将两个或两个以上的头脑联合起来，在完全和谐的环境下为达到明确目标而工作。这句话中的重点是"完全和谐"。世界上有很多为了一个共同目标而成立的联盟，但是除非"完全和谐"这一要素存在，否则联盟不过是松散的合作和协作。

第四条法则是**拥有信念**。我认为我没有必要解释它是什么意思，因为你肯定知道——但是请注意，实用的信念和理论上的信念完全不一样。

第五条法则是**自我约束**。第六条法则是**宇宙习惯力**。宇宙习惯力是这个宇宙中所有自然法则的督察官，也是所有习惯的的创造者和塑造者。人类最奇特的一点是他是地球表面唯一一个拥有打破宇宙习惯力量的物种，他能够根据自己的喜好为自己定下相应的习惯。其他所有生物在智慧上都不如人类，它们来到这个世界，却被一种它们永远无法打破的习性约束，它就是自然天性。人能够养成自己的习性。**人可以决定自己的命运。**人可以塑造自己的未来。人可以做自己的工作。当你阅读《如何提高你的薪水》这本书时，让我告诉你，这本书的标题并不夸张。相反，它道出了事实——因为如果一个人严格遵照书中给出的方案行事，他的确能够提高自己的薪水，或将自己带到一个他所梦想的人生位置上。

　　我想，如果这个国家需要其中的男男女女认识到人心的力量，需要他们摆脱沮丧和恐惧，那么现在就是这个关键时刻。我们周围有太多的恐惧，有太多的人在谈论经济萧条。我们总是费尽心思地纠结于我们是不是能够不再经历经济危机，或我们是不是能够避免又一次世界大战。让我们集中心智，行动起来，专注于一个宏伟、明确的目标，这样我们就不会有时间去顾及那些我们不想要的东西。

　　你知道吗，人类的存在是非常奇怪的。大多数人从出生、成长、竞争到走完一生，一直生活在痛苦和失败中。他们从来没有从生活中获得他们想要的；他们从来没有意识到改变生活并从中获得他们想要的东西简直易如反掌；他们从来没有意识到如果他们专注于某样东西，他们的心自然而然就会将这样东西吸引过来。你可以想想贫穷，你可以想想失败，你可以想想挫折——倘若如此，这些将会是你得到的东西。你也可以想想成功，想想财富，想想成就——那么你将会获得这些。

心理和精神免疫

　　我想告诉你，我人生中最困难的时期是 1908 年到 1928 年这二十年，那时我必须不断用我的心理和精神免疫系统抵抗那些打击我的人常对我说的"你做不到的""这是不可能的""你等不到那一天的"，等等。我的精力中至少有一半花在反抗这些认为我将一事无成的人上。

　　事实上，几年前，我的一群学生凑钱给我买了一本精美的词典作为生日礼物。他们将礼物带到讲台上，发表了一通正式演讲后，将礼物赠送给我。我拿到词典后做的第一件事是——拿出我的裁纸刀，走到学生们的身边，说："女士们，先生们，谢谢你们对我如此牵挂，但是我不能接受这本词典，因为里面有一个词让我觉得十分冒犯。"于是，我翻到"不可能"这个词条，用裁纸刀将它裁了下来。我说："现在，我可以收下这本词典了。但是我再也不希望看到任何有'不可能'这个词的书了，因为我见证了太多的不可能，我知道不可能的事是不存在的。"

　　有多少人了解或听说过厄尔·南丁格尔项目？有多少？哦，天，看来在场有不少厄尔的朋友。

　　大约一年前，我和厄尔·南丁格尔度过了一段美好的时光，事实上这是近年来我在芝加哥度过的最快乐的时光之一。他坐下来，告诉我当他看了我的成功哲学后发生了什么事，这是我听过的最精彩的故事之一。他以前是个个体户，薪水平平，事业没有任何发展，也得不到外界的支持。就在这时，有人送给他一本我的书。晚上睡觉前，他在被窝里读这本书，突然间，他从这本书中得到了一个点子。他大声叫他的妻子过来，嚷嚷着说他找到了。她跑进屋，马上察觉到有什么事发生了。她问："你找到什么了？"

"天啊，"他说，"我找到了我一直以来寻求的东西，我找到了横在我和成功之间的障碍。"他说："我下定决心等明天我上班时，要亲自测试拿破仑·希尔和他的哲学。我下定决心要将我的收入翻倍，而且在这周内就要行动。"他说："相信我，这是我一生中做过的最容易的事。我只需要提出要求，然后事情便办成了。"

然后他说："这几乎把我吓到了。我停下来观望了一下，我想我会再试一次，看看刚才是不是只是巧合，但我又做到了。"厄尔现在再也不用担心自己的薪水了，他的生意风生水起。他现在站在了人生顶端，有一份极其体面的工作，是他自己找到的，对方找到了厄尔·南丁格尔。他将他的精力集中在那些他想得到的东西上，而不是那些他不在乎的事物上。女士们，先生们，我们每个人都需要做到这一点。知道吗，你不需要更多的知识，你不需要更高的学历，你不需要知道更多的事实。你应该学会更好地利用手头上的东西来得到你想要的结果。

你们中的每个人，在你们的潜力范围内，都拥有在你们所选择的事业领域取得出色成就的一切必要条件，只要你相信它、利用它。你们知道吗，女士们，先生们，当我们出生的时候，当我们来到这个星球上时，我们随身携带着两个信封：其中一个信封里装着一张长长的清单，上面列着如果你能控制你的心智并正确使用它的话就会得到的奖励和回报；在另一个信封里，是一张同样长的清单，上面列举着如果你不遵从和使用自己的心智的话将会面临的惩罚。

造物主不想让人类在不懂得使用自己的心智的情况下轻而易举地获得思想这种神奇、伟大的力量。就像某位哲学家所说的——我希望是我说的，但并不是："无论你拥有什么，你要么使用它，要么失去它。"这句话非常适用于你的大脑活力或你的思考能力。你要么使用它，要么失去它。

四十年前，我第一次来到芝加哥。我在那里住了十年。其间，我成了拉萨尔大学附属学院的广告部经理——也是那里的第一位广告部经理。没过多久，大概三个月，我就发现拉萨尔欠了每个人的工资，经费严重不足。因为我不确定我拿到的工资支票能不能在银行兑现，于是，我养成了一个习惯，每次都赶在别人之前跑到银行兑现支票。不过后来我实在忍无可忍了，于是我想起了卡内基先生常常对我说的那句话："当你有一个难题的时候，将它分成好几个部分，然后一部分一部分地解决。"于是我对拉萨尔做了一次彻底的调查，发现了问题所在：缴费部门的那个负责人就像个残忍的工头，威胁学生如果他们不缴费，就会狠狠惩罚他们。这让学生们都很害怕，却仍旧不缴费。

我对学校说别的公司的职位更适合这个人。我把话说得非常委婉了。然后我们找到一个推销员来代替他。这个新人给学生写了许多信，语言亲切。我们做了两件事使拉萨尔走到领头羊的位置，并使它在这个位置上稳坐了好几年。第一件事，我们将这些学生升级为学校的合作伙伴，并卖给他们学校百分之八的股份。第二件事，我们给了他们中介的工作，他们可以慢慢付清学费，条件是将他们的朋友介绍到学校来报名参加我们的课程。因此，拉萨尔发展迅猛，在接下来的五年里比世界上任何一所学校发展得都要快。

要是我没有接受卡内基先生的训练，我完全不知道应该如何攻克这个难题，不会想到去把它分解成几个小部分。在我二十一岁之前，我又有了一个证明这条哲理实用性的机会。我新婚不久，正要去西弗吉尼亚的兰伯波特镇拜访我的岳父岳母。他们从来没有见过我，所以我的妻子想带我回她娘家将我介绍给他们。在我们离开华盛顿前，我给自己买了一套好看的衣服，希望能给岳父岳母留下好印象。但是当我们到了兰伯波特——应该说是距离兰伯波特两英里（约 3.2 公里）的海伍德时，按理说我们下了城乡电车后应该坐上马拉车。但是那天下着瓢泼大雨，没有一辆马拉车进站。于是我不得不提着两个行李箱冒雨走了两英里。当我终于到达目的地时，我的新衣服彻底毁了——当然还有我的心情。

但这其实是件幸运的事，因为那天发生的事让我挣到了超过一百万美元，而且我在六个月里就做到了。这一切都要归功于我对卡内基哲学的第一次应用。我对我妻子的兄弟们说："为什么你们这儿的有轨电车公司不在这里修建几条轨道，这样进出兰伯波特的人们就不用在泥泞中折腾了。"他们说："你看到那条你刚刚跨过的宽阔的莫农加希拉河了吗？"我说："看到了。""这就是为什么我们没有电车的原因。"他说,"我们已经尝试了十年,试图在河上建轨道,但是我们做不到。"我说:"十年?我在六个月内就能完成。"他们中的一个人答道:"那真是太好了。我们家里出了个天才,不是吗?"

这时候,雨停了。我让我妻子的兄弟们带我去那条给他们带来麻烦的河。他们告诉我要在这条河上建一座桥至少要花十万美元,而有轨电车公司不愿意花这么多钱来完成这项工程。我站在那里,为我刚才夸下的海口感到懊悔,思索着怎样才能挽回自己的面子。那条河是这样的:河岸有一百英尺高,我所在的河岸上有一条歪歪扭扭的,沿着小道向下游走你会看到一座摇摇欲坠的小桥。跨过桥到了河的对岸,那里有十四条铁路轨道。那里正是 B&O 铁路公司为煤炭火车补充燃料的地方。

当我站在那里不知所措的时候(在紧急情况下,人们往往会僵在原地不知所措),那个时刻关注我的人——那个当我遇到自己无法解决的问题时便会来到我身边的人——轻声在我耳边说:"你看到下面那个农民了吗?他正在等那辆运煤列车给火车加好煤,等火车开走后他才能继续使用那条乡间小道。"一辆列车在这里停了下来,将乡间小道截断了。于是,我对自己说:"是的,我看到了,我也找到了解决方案。我看到有三方代表想要这条乡间小道、这座桥。B&O 铁路公司想把这条乡间小道从他们的铁轨上挪开,因为总有一天会发生事故的,而事故往往可能让他们付出比建桥高出好几倍的价钱。

"乡村委员会也想挪开那条乡间小道,原因与铁路公司一样。有轨电车公司的负责人,他们想挪开这条乡间小道则是因为他们想从兰伯波特挣得额外的收入。"

仅仅一周时间，我就说服了 B&O 铁路公司、乡村委员会和有轨电车公司的负责人，他们在文件上签了名。六个月后，我登上了开进兰伯波特的第一辆有轨电车。

1934 年的某一天，我坐着最后一辆电车离开小镇。他们拆除了轨道，并用公共汽车代替了电车。

随机应变

卡内基先生还教会我如何利用这条哲理来让我在紧急状况下做到随机应变。我想说我认为这是运用这条哲理能做到的最了不起的事之一。当你面对一堵石墙时，当你用尽了你的所有机智和所有经验，当你尝试了所有的可能性，这时候，这条哲理能帮你走出困境，并给你你苦苦寻找的答案。这样的例子我见到了很多，它们是真实严肃的。

在我成为拉萨尔大学附属学院的广告部经理后不久，就在这座城市里，我遇见了埃德温·C.巴恩斯，他是托马斯·爱迪生唯一的合伙人。埃德温·巴恩斯和我一起在喜来登酒店吃了午餐和晚餐，他跟我讲了他和爱迪生的合作经历。他告诉我他是如何登上一辆货运列车去新泽西州的西奥兰治（因为他没有足够的路费），然后说服爱迪生和他一起合作的。他在五年时间里干着一份又一份卑微的工作，等待着机会的到来。而他有能力成为伟大的爱迪生的工作伙伴。

然后他又对我说了一些话，我觉得他完全在吹嘘，他说：

"不过我现在过得很好，我每年能挣超过一万两千美元。"我说："一万两千美元一年？如果我是了不起的爱迪生的合伙人，我一年肯定能赚至少五万美元！"他说："怎么可能？"当一个人说了一句话你却不相信他有理有据时，你是否思考过"怎么可能"这句话的重要性？你是否试过说"怎么可能"？哦，我亲眼看到人们被"怎么可能"击中时坐立不安的样子。当埃德温·巴恩斯说"怎么可能"的时候，我也开始感到有些坐立不安，但是我很快变得严肃起来。我开始应用卡内基的哲学，我开始提问题。当我们吃完饭时，我已经有了一个完美的计划。

我让埃德温·巴恩斯成立一家交换所，将他所有的推销员——芝加哥地区所有打字机公司的推销员，负责办公用品和办公桌的推销员，都招募到这家交换所。如果巴恩斯手下的一个推销员在推销录音机的过程中遇到了一个想买办公桌或办公用品的客户，他就立即打电话给交换所，交换所随即派出相应的推销员去卖顾客想要的产品。而卖办公用品的推销员若在推销过程中遇到想买录音机的客户，他们就会打电话给交换所，让巴恩斯的推销员出场。也就是说，巴恩斯只需雇用150名推销员，他们就能得到有用的线索和信息，却不用付任何费用。

这就像在一战期间，皮毛价格疯涨，我一个精明的德国朋友办起了一个猫咪养殖场。不过他很快就遇到了一个难题：他发现喂养猫的饲料价格也非常高。所幸他同样对卡内基的哲学十分钦佩，自身也是个十分精明能干的人。于是，他在他的猫咪养殖场旁边办起了一个老鼠养殖场。他用老鼠来喂猫，把猫的皮毛剥下来后，将残骸用来喂老鼠，这样他就不用花钱买饲料了。

　　我给巴恩斯制订的计划和这个差不多，他没有任何支出。施行计划的第一年，他的收入便超过了五万美元。第二年，收入超过十万美元。第三年，收入超过十万五千美元。之后我便再也没有算清过他的收入，我怀疑连山姆大叔也给不出一个明确的数字来。但是我仍旧和埃德温·巴恩斯保持着联系——他去年夏天来拜访我了，我跟他度过了一段愉快的时光。他现在住在佛罗里达的布雷登顿。他已经退休了——他是个百万富翁。而这一切，每分每厘都归结于成功的哲学。

　　人们说我所培养出的成功人士的数量无人可比。我不知道这是不是真的，因为我们没有办法得到准确的数据。但是，女士们，先生们，当我深入分析那些我所接触到的从身无分文到腰缠万贯的人时——有些人或许不是百万富翁，但是他们获得了不可否认的成功——我创立了一门建立在卡内基哲学基础上的哲学。卡内基先生是这个世界的施主——对现今活着的人、对那些未出生的人来说。

　　当卡内基先生说服我创立成功哲学时，他说："我会在我去世前捐掉我的钱。只要我能找到一条有利无害的途径，我就会尽快捐掉我的钱。"你们也都知道，他的确这么做了。他将钱捐给了教育事业，捐给了图书馆，捐给了维护和平的基金会，还有其他他所能想到的机构。但是他说："我一生最伟大的财富便是托付你将我致富的方法带给世界上的所有人。"他接着说："如果你不辜负我的信任，完美地完成了任务——我真心相信你会做到的——那么，你会亲眼见到你比我现在更加富有，比我培养的成功人士还多。"

女士们，先生们，当卡内基先生说出这些话时，我一时难以接受。我心想："卡内基先生从来没有夸奖过我。他说过的所有的话到后来都被证明是正确的。但是这一次，他一定是弄错了。"到现在为止，我所培养出的成功人士的数量比卡内基先生所培养出的成功人士的数量多了几千倍——几千倍——而且我仍旧在培养更多的人。

奇迹随时都可能发生

知道吗，女士们，先生们，在我做研究并试图建立成功哲学的这二十年里，我遇到了许多意义深远的事实和真理。其中一条是这样的：当巨大的危机席卷全球时，总会出现一个能够打败这个危机的人——比如亚伯拉罕·林肯，在紧急关头，当这个国家即将被内部矛盾割裂时挺身而出；又比如华盛顿，他比林肯更有智慧；又比如富兰克林·罗斯福，当人们因为恐惧四处乱窜，排起了长长的队伍等着从银行里取钱时，他抚慰了人心。

有时候我会想，这只连着长长的臂膀的命运之手，是不是不伸向像我的出生地那样的地方；它是不是不会将那里的人从悲惨的生存环境中拉出来，给予他们体面的工作，让他们创造人生意义；它是不是不屑于向那里的人们展示，当一个人认识到上帝给你的力量并正确使用它时，任何事都有可能发生。

我们生活在一个伟大的国家中。不管你对华盛顿政府还是其他政府做出什么评价，不管你对政府支出有什么意见，不管你对这个国家的内部政策和外部政策提出什么质疑，这仍旧是上帝所创造的最伟大的国家，也是当今世界上最伟大的地方。

知道吗，当我在 1922 年离开芝加哥时，我开始着手编辑和出版《拿破仑·希尔的黄金法则杂志》才不久。我所有的挫折、困难和失望都是在芝加哥经历的。我说："我希望我再也不会来到这个地方。"说这样冲动、决然的话结果往往让你吃惊：你最好小心你说的话，因为它们总有办法回来让你自作自受。

在世界上所有的地方中，我最后仍旧选择了芝加哥作为我的公司总部所在地。现在我很高兴自己选择了芝加哥，因为我一生中最好的机会就来自芝加哥。一个人曾经说过："上帝神秘莫测，但他能让奇迹发生。"我从来没有怀疑过这一点，因为我在每天的日常中见证着它。

就算我能在全世界范围内凭我的意愿选择一个最合适的人来协助我工作，也没有一个人能比得上斯通先生，我已经做到了极致。我没有去寻找斯通先生，他找到了我，这就证明他之前所说的话——当你真的做好准备的时候，当你真的准备好接受一切的时候，奇迹会以直接或间接的形式出现在你面前。如果你准备好和我建立联系（师生关系）——如果你真的准备好了，你会发现今晚会成为你一生中最重要的转折点之一。

几年前，我在洛杉矶做一次大型演讲，在我结束演讲后，一位男子走到讲台上，和我握手致敬。他说："希尔博士，我有你写的每本书。我几乎能把它们都背出来。我在书上圈圈点点。我时常翻阅它们以至于每本书都出现了卷边和折页。我想问你一个问题，我希望你不会觉得这个问题太过私密：如果要来上你的课的话，你觉得我会从你的课上学到哪些从你的书中学不到的东西？"

　　我实话告诉你，这个问题让我愣了一会儿。然后，就像之前很多次我和我的学生遇到让人一筹莫展的紧急状况时，如果你真正掌握了这门哲学，也就是当这门哲学涵盖了你而非你拥有它的时候，答案自然而然会浮出水面。过了一秒钟，我有了答案。我告诉他："我来告诉你，先生，你会从我的课上学到从我的书中学不到的东西：你会感受到拿破仑·希尔的个人魅力，他的热情和他的信念。我得告诉你它们是有感染力的。"然后他说："这正是我想要的。我会来参加你的课程的。"

　　在最后，女士们，先生们，我想说，如果你们来参加我的课程，你肯定会见证我对那名男子的回复是实打实的，因为如果能真正使自己沉浸于我的信仰来源和我的热情来源，彻底接受这门哲学，那么无论你现在在生活中做什么，不管你想在未来做什么，你的道路永远畅通无阻。谢谢大家！

Chapter Six

比别人加倍努力

无限成功演讲

致富
的勇气

Napoleon Hill's
Greatest Speeches

很多时候，拿破仑·希尔将他的写作和演讲重心放在**比别人加倍努力**这条法则上。希尔说，这条法则比其他任何法则都能够使一个人飞速前进。

　　在自然界中，报酬递增的自然规律意味着我们通过**积极的心态**所提供的服务，不仅会给我们带来它自身的价值，还会给我们带来加倍的好处。

——唐·格林

　　主持人，无限成功俱乐部的成员们，来宾们和听众朋友们，我们今晚的这堂课讲的是比别人加倍努力。在我开始演讲之前，我觉得我有必要对这个句子做个定义，并将它的确切含义告诉你们。"**比别人加倍努力**"是我的哲学的一个组成部分，它的意思是提供比别人对你的预期更多、更好的服务。你应该时刻做到这一点，并以积极热情的心态工作。

　　当然，你现在知道了它的意思。有人说如今每个人都做到了这一点。真的是这样吗？不，我不这么认为。我认为或许我们当今世界的最大问题之一，我们的国家陷入混乱的原因之一，就是大多数人不仅没有做到加倍努力，连努力都没有做到。上帝保佑你们。

　　我认为成功哲学中没有什么其他的原则能像比别人加倍努力的工作习惯那样，促使一个人在生活的道路上走得远、走得快、走得稳当；也就是说，为他人做有益的事，并且不去想自己从中能得到什么回报。请注意，你在提供服务时所怀有的心态是非常重要的。

　　我们在之前的课堂上也提起过这一原则，那时候，我向你们保证，要跟你们分享一个关于一个人削了两支铅笔就得到了一千两百万美元的故事。你们现在是否想听听这个故事？

　　我想你们一定觉得削两支铅笔换来一千两百万美元是不可

思议的，但这件事确实在好几年前发生在一个叫卡罗尔·唐斯的年轻人身上。他当时在威廉·C. 杜兰特的办公室上班，杜兰特先生主管通用汽车。但是现在，他有了自己的品牌杜兰特汽车。

唐斯先生是纽约一家大银行的年轻职员，杜兰特先生常常在那家银行办业务。一个星期六的下午，杜兰特先生刚好在银行下班的时候去兑换支票——一张大额支票，可是银行在几分钟前刚刚关门。当他发现门关闭了，就从口袋里掏出一枚硬币轻轻敲打窗户，于是年轻的唐斯先生走过来为他开了门。他认出了杜兰特先生，并请他进来。询问了杜兰特先生的来意后，他说："虽然我们关了大门，但是我们还没有关闭柜台。您仍旧可以取钱。"他不仅为他开了门（他没有必要这么做），不仅为他兑换了支票，在此过程中还一直保持微笑，态度诚恳和蔼。这给杜兰特先生留下了深刻的印象。当杜兰特先生要离开的时候，他说："顺便问一句，你下周三早上能不能到我办公室来一趟，我想给你一个面试的机会。"

卡罗尔·唐斯去了杜兰特的办公室。杜兰特先生说："我已经在银行里观察你有一段时间了。我注意到你彬彬有礼，我注意到你全心全意为他人服务，并且始终保持友好的态度，所以我觉得你或许想要一个比你在银行更好的机会。或许你愿意来这里和我一起在汽车行业发展。"唐斯先生说："没有什么比与您合作让我更高兴的了，杜兰特先生。我也观察您很久了，您是个大商人，也是个成功的商人。"于是他们达成协议，唐斯先生来到威廉·杜兰特的公司工作。他们根本没有提及薪资。

多留一个小时

他去上班的第一天，到了下午五点，公司中会敲钟提醒，于是办公室里的所有人——大约一百个人——会争先恐后地冲出办公室挤上电梯。为了不受到别人的冲撞，年轻的唐斯先生留在了他的座位上。当所有人都走了之后，他仍旧坐在那里思考为什么这些人为了不起的杜兰特先生工作，却在下班的钟声敲响时逃命般地冲出办公室而不是心平气和地走出门呢。就在这个时候，杜兰特先生从他的私人办公室走出来，看到了这个年轻人。他说："怎么回事，唐斯先生，你难道不知道我们五点下班吗？"

唐斯先生回答："是的，杜兰特先生，我知道。我只不过是坐在这里对刚才看到的一幕百思不得其解。"然后，他描述了一遍人们是怎样急着离开办公室的。最后，唐斯先生说："杜兰特先生，有什么我可以为您做的吗？"杜兰特先生说："是的，你的确可以为我做件事。请给我拿一支铅笔。我想要一支铅笔。"于是这个年轻人从他的办公桌前站起来，走到储藏室，取了两支铅笔，不只是一支铅笔，用卷笔刀将两支铅笔削尖，然后走回来，将它们递给了杜兰特先生。正当他要离开的时候，他注意到杜兰特先生正怀着不同寻常的兴趣打量着他。

他心中的某样东西，一种预感，让他意识到他用卷笔刀削尖铅笔给杜兰特先生两支而不是一支铅笔的行为，引起了这位伟大的、杰出的商人的注意。他就是在那个时候下定决心，无论杜兰特先生在钟响后留在办公室多久，他都不会在杜兰特先生离开之前离开办公室。他说："我希望我能在他需要助手的时候出现在他面前，无论他需要一支铅笔还是其他什么东西。这样他必然会叫我帮助他，因为没有其他人在办公室。"

我想问你们，女士们，先生们，你们认识的人中有多少人会为了服务公司的老总而心甘情愿地加班？你们认识的人中有多少会这么做？

后来，在唐斯先生工作五个月后——在此之前他们给他开出了固定工资，工资并不高——一天，杜兰特先生将唐斯先生叫到办公室，说："唐斯，我们刚刚买下一家新工厂，是一家在新泽西的装配厂，我们将在那里装配汽车。我想让你将这套蓝图带到那里，蓝图上标明了所有的机器都应该摆放在什么位置。你到那里去，监督他们安装机器，它们会在周一的时候被送达工厂。你认为你能做好这件事吗？"唐斯说："我傻乎乎地告诉他，'是的，我可以。'"他拿起蓝图，走出了办公室，来到公园里。他在一条长凳上坐下，盯着蓝图看，但是他什么也看不懂。你们也知道，银行职员怎么可能看得懂工程图？但是他做了一件很不同寻常的事——女士们，先生们，没有比别人加倍努力工作习惯的普通人是不会做出这样的事的——他对自己说："杜兰特先生将这件事交给我。我告诉他我会办好这件事的。我自己做不到，但是我会找个能做到的人。"于是他立即行动起来，自己掏钱请了一位工程师和他一起去工厂，帮助他监督机器的安装。

杜兰特先生之前告诉他，整项安装工程大约需要花三周时间。但是，第二周的周末，任务就完成了。他通知了纽约的办公室任务已经完成。当他回到工位的时候，接线员对他说："唐斯先生，杜兰特先生让我告诉你，在你回到工位之前，先去一趟他的私人办公室。"当他进去后，杜兰特先生说："唐斯，你在出差期间丢了你的工作。"

"什么，杜兰特先生？你说什么？你是说，我被炒鱿鱼了？"

"嗯，"杜兰特先生说，"我不会说你被炒鱿鱼了，但是你丢了你的工作。你可以回去了，清理你的办公桌。"

唐斯先生说："杜兰特先生，我自认为自己在新泽西表现非常出色，我认为我完成了所有任务。我想知道我为什么丢了我的工作。"

杜兰特回答："如果你仔细看看那间角落里的办公室，就是楼下你路过的那间私人办公室，你会在办公室的门上看到接班人的名字。现在，你下去把你的桌子清理干净，将你的私人物品带走。"

当唐斯走过那间办公室的时候，他看到上面写着"卡罗尔·唐斯，总经理"。他立马冲回杜兰特的办公室，问："这是怎么回事？"杜兰特说："先生，你现在是总经理了，你的薪水是每年五万美元。"

想象一下——你以为自己被解雇了却发现自己被升为总经理，一年收入五万美元。更别提杜兰特先生还将唐斯先生介绍给华尔街的精英们，靠着他们的关系，他逐渐进入了证券交易市场。在接下来的五年里，他的净收入高达一千两百万美元。女士们，先生们，我可以告诉你们，这一切都始于那个不起眼的事件，那个一般人根本不会注意到、观察到的事件。这一切都起源于这位年轻人走出来打开银行大门（尽管他完全没有必要这么做），为一个需要兑换支票的人友善、亲切地服务的那一刻。我要告诉你们，无论你们的工作是什么，无论你是谁，无论你的人生目标是什么，如果你没有养成比别人加倍努力的习惯的话，如果你无法做到无论何时何地都为他人提供有益的服务的话，你在人生道路上不会走远的。

> **如果你没有养成比别人加倍努力的习惯的话，**
> **如果你无法做到无论何时何地都为他人**
> **提供有益的服务的话，你在人生道路上不会走远的。**

四十多年前，我从乔治敦大学法学院退学，第一次采访了钢铁大亨安德鲁·卡内基。他将我在他家中留了三天三夜，在这期间，他说服我撰写世界上第一部自我发展哲学理论的书籍。他交给了我这项任务，给了我他的影响力，帮助我和世界上的成功人士建立起联系，这一切都只有一个条件，那就是我做调查研究的这二十年里，不会从他那里获得任何补贴，我必须为自己的生存挣钱。

当我回到乔治敦大学，我和我的弟弟都被这所大学录取，我告诉我弟弟发生了什么事后，他说："拿破仑，你知道吗，我一生都在怀疑你是不是个疯子，从现在起，我不会再怀疑你是不是疯了，因为我确定你是疯了——完全疯了。现在你要为世界上最富有的人工作二十年，却分文不取。求求你告诉我，你拿什么当钱用呢——贝壳吗？"

女士们，先生们，我从 1908 年的秋天开始为安德鲁·卡内基工作；我在 1928 年秋天完成了我的著作，正好二十年。是的，这二十年里我没有得到任何报酬，但是我想列举一些我从这二十年的工作中获得的东西。

首先，今天，在全球，大约有六千五百万人买了我的书，为此支付了金钱。我写的其中一本书——《思考致富》，已经为出版商和编辑——我是说作者和出版商——带来了三百万美元的收益，而且这个数字还在成倍地增长。我还写了许多其他的书，在美国和其他国家畅销。我最近完成了一本书，我将它重新命名为《无限成功》，我预计我将从这本书中获得比《思考致富》多三倍甚至四倍的收入。我可以说到现在为止，我通过写作和出书所获得的收入——我的写作能力是通过二十年里比别人加倍努力而练就的——比我父母双方的五代祖先一辈子挣的钱都要多。这很了不起，不是吗？

当我刚刚开始为卡内基工作时，我对"哲学"这个词似懂非懂。离开他的办公室后，我去了图书馆查词典。但是在这二十年的研究生涯中，我学到了许多关于哲学的知识，我成功总结出一套对全世界的人都有益的哲学理论。如果将我通过运用这套哲学所打造的成功加起来——我们在这里说的只是世俗意义上的成功，并不包括精神上的成功或其他形式的成功——如果把所有购买我的著作和从我的著作中受益的人的财富加起来，那它足够维持国家政府正常运作至少一小时，我们打个比方。或许你们都会同意这明显是对我的成就的低估。

去年夏天，我和我的弟弟在华盛顿共进午餐。他带我去了一家非常高档的餐厅——那是华盛顿最贵的餐厅，他以前从来没有这样做过。之前，他有一次带我去了一家咖啡馆，我不仅要付我的餐费，还要付他的。我不知道他这次到底想干什么。他以希尔先生和希尔夫人的名字预订了一张餐桌。他还在桌上放了一大束漂亮的鲜花。我想："肯定出什么事了。我不知道是什么，但是我很快就会弄清楚的。"当我们都入座后，他站起来，说："我想说几句话。我想收回我在四十多年前在这家酒店说过的话。我当时说我觉得你应该去精神病医院做个大脑检查，因为你一定是疯了才答应为安德鲁·卡内基免费工作二十年。"他说："我现在想改动这句话，修正它，我的这句话没有错，只是我没有选对说话对象。应该是我需要去精神病医院做检查。"他之所以这么说，是因为他做了一点儿算术，发现我写的一本书《思考致富》为我带来的利润比我们的长辈一辈子挣的钱都要多。

女士们，先生们，我可以做许多其他的事来帮助我胜人一筹。但是我要说，我所有的成就，我希望取得的所有成就，都基于我对比别人加倍努力这一习惯的热情和心态，以及我时刻将它应用到实践中的行为。这条法则可以让你更快地取胜于他人，没有什么能比它更加有效。

质量、数量、心态

我想给你们一个方程。或许那些记笔记的人想把它记在本子上。我把它称为"QQMA方程"。它的意思是 Q 加上 Q 加上 MA 等于你一生获得的收入。QQMA方程指你提供的服务的质量（quality），加上你提供的服务的数量（quantity），加上你提供服务时的心态（mental attitude），等于你一生获得的收入。女士们，先生们，我所说的收入并非指工资单，也不是银行存款数额。我说的收入是指你在这个世界上所需要的东西——心灵的平和，你和你自己及你和他人之间的和谐关系与互相理解（那些在生命中真正重要的东西）。

比别人加倍努力这条法则最突出的特征是，你不用向任何人请求获得这种习惯。你随时随地可以应用它。你所工作的公司或许觉得能从你身上占便宜，因为你做比别人更多的工作却不要求更高的薪水。但是如果你希望随自己的个性和特点生活，并且愿意从过去的成功人士身上吸取经验的话，你就会认识到，你所有的付出都会有回报的，不管你的工作是什么。无论何时都奉献自己，并且以正确的心态为他人工作。当你开始这样做了，你就把自然规律中最重要的一条法则化为己用了。我们将这条法则称为"报酬递增法则"，也就是说，你所提供的服务不仅将服务自身的价值带给你，还给你带来加倍的收入。回报通常来自和你提供服务所不同的源头。

女士们，先生们，不应用这项法则的代价是——你们记得我说过所有自然法则都有奖励和惩罚——你会给你自己带来"报酬递减法则"。你会遇到这种情况，你不仅不会为你的工作得到工资，还有可能被解雇。我知道这样的事发生过很多次。

我非常理解对这个世界上的某些人来说，他们现在最大的难题之一就是他们已经干着付出大于回报的工作了。如果你正处于这个状态，请继续保持这个状态，然后花点小心思让人们知道你在做什么。如果你为一个雇主工作，你做的工作比他对你的期望更多、更好——给他的竞争对手写一封匿名信，让他注意到你。这可能会给你带来很大的好处。不要一辈子都傻乎乎地勤勤恳恳地工作却拿不到相应的报酬，不要一辈子安于现状，因为如果你这样做的话，你最终的归宿会是救济院。

在我为安德鲁·卡内基完成任务后，他对我说："我希望你去闯荡世界。不仅仅向大城市里的人传播这门哲学。如果你有机会的话，将这门哲学用世界上的所有语言传播开去。我还希望你向偏远地区各色各样的人证明这门哲学是有用的。而且，只有当你，也只有当你能够顺利应用这门哲学来完成你自己的人生目标，我交给你的这项任务才算完成。"女士们，先生们，你们中深入了解我的人——比如比尔·罗宾森——都知道我人生的重要时刻已经来到了，这门哲学已经使我完成了我的人生目标，为我带来了我一生中想获得的所有东西。当然，我还想多活五十年，但是我的要求并不高。

在加利福尼亚，有一个叫克里福德·克林顿的男子，他负责经营好几家连锁咖啡店。他告诉我，他和克林顿夫人十年前带着一万美元的资金和一本《思考致富》去洛杉矶创业，他们当时只有一间狭小黑暗的店铺。然后他说——他是在四年前和我说的——他说："今天，我的总资产超过两百万美元，其中的每元钱都是你的哲学的功劳，尤其是那条我所信奉的咖啡店的经营准则。这条准则是如果一个顾客进来点了食物却对我们的产品不满意的话，他可以在收银台那里付任何他认为合适的价钱。如果他认为我们的食物真的很糟糕的话，他可以拒绝付款。"

我说："克林顿先生，顾客们会不会占你的便宜？"

他说："是的，或许一年中有六七次有人会来我们咖啡店蹭吃蹭喝。"

然后我问："那你们遇到这种情况怎么办呢？"

他说："我们在店里设立了一张特殊的餐桌，我们在上面放上鲜花，然后让一位穿戴整齐的服务员专门为客人服务。当那些蹭吃蹭喝的人进来时，我们会把他带到这张特殊的餐桌旁。他经历过三次之后，觉得没意思，就再也不会来了。"

我说："也就是说，你用善意感化了他。"

他说："正是如此。"

我说："但是如果他仍旧我行我素呢？"

他说："我们会继续为他提供食物，但是我们会让公众都知道这件事，让报社的人过来给他拍照。"

他是一个非同寻常的人，他掌握了这门哲学并靠它创造了非凡的成就。

我要告诉你另一个故事。在亚利桑那州的弗拉格斯塔夫小镇，我得提醒你那时候它还只是个名不见经传的小县城，在那里，住着一位纽约人身保险公司的地区推销员，他靠卖保险所挣得的钱刚好让他生活。突然之间，他的销售业绩迅猛增长，惊动了地区销售主管，于是派出一个人去调查发生了什么事。事情是这样的：这名保险推销员买了好几本《思考致富》，在上面签上了自己的名字，并在书的封套上写下这样的话："这本书给我带来了无数好处，我希望我的邻居、朋友们都能读一读它。我把这本书借给你一个星期，一个星期后，我会过来拿书，再将它借给其他的邻居。"下面是他的签名。令人想不到的是，当他回去收回这些书的时候，那些邻居、朋友都请他进屋坐下和他们聊天。这样，他就有机会和他们谈论人身保险和其他任何他想讨论的话题。就是这么一个小小的举动，让这个保险推销员和他的潜在客户紧紧联系起来。他们之间相互理解，人们对保险推销员的心理防范消除了。

人身保险

你们一定知道，人身保险是世界上最难销售的东西之一。保险公司想将它卖出去，却从来没有人来买。我了解到这个故事是因为纽约人身保险公司将《思考致富》列为公司所有销售员的必读书籍，并向我的出版商一次性购买了五千本。这可是很多的书。这一类型的书在它们的上架时间内平均销量通常不超过五千本。这一切都缘自一个人发现了怎样在实践中应用比别人加倍努力这条了不起的法则。

一战刚结束，我正打算发行《拿破仑·希尔的黄金法则杂志》，我收到了一封来自俄亥俄州辛辛那提名叫亚瑟·纳什的人的信。纳什先生是一位定制服装裁缝，他给我写信说他遇到了经济困难，问我能不能去他那里给他做咨询。于是我去了辛辛那提，和纳什先生一起度过了几日。最后我们制订出一个方案，他将靠比别人加倍努力这条法则来挽救他失败的事业。据我了解，他的店里出现了某种消极的状况，于是他的雇员突然之间也变得十分消极。

他们的工作效率降低了，订单被取消了，金库里没有足够的钱来支付下一周员工们的工资。我们制订了一个计划。我将它呈给纳什先生。他把他所有的雇员都召集过来，下面是他对他们说的话。

"女士们，先生们，我们一起在这里工作有好几个年头了。你们之中有一些人甚至在这里工作了二十五年。我们店曾经也有过财源滚滚的时候，我们那时候赚了好多钱，我们在美国各地有许多忠实的客户。可是突然之间，我们的生意开始走下坡路，它在下坡路上越走越远，以至于我们现在连自己都养不起了。事实上，我们破产了。拿破仑·希尔给我们提出了一个建议，我认为如果你们能接受这个建议，并以积极向上的态度执行他的方案，那么我们的生意还有救。它能保住你们的工作，帮助每一个忧心忡忡的人。"

"那么，"他说，"我想让你们每个人都在周一早上过来，以全新的态度投入工作。必须是以全新的态度和精神面貌——友善的态度，比别人加倍努力的态度，将自己的所有都投入到这份工作中的干劲。如果你们能做到这一点，那么我们就能挽回这家店。我不仅会把拖欠的工资支付给你们，还会预付你们下一周的工资，到了年底，我们共同分享一年的利润：其中一部分归我，因为我负责所有业务；其余的你们平分。也就是说，你们会成为我的生意伙伴。我告诉你们，接下来的一周，或许还有下一周，你们或许一分钱也拿不到。但如果你像我一样相信心态的力量，那么自信心和信仰一定能使我们克服现在的困难。让我们手拉手团结起来，一起见证奇迹。"他还说了许多其他的话，但以上就是他演讲的总结和要点。

然后他说："女士们，先生们，我不需要你们现在就做出决定。我这就离开房间。除非你们想让我进来，否则我是不会进来的。当你们做出了是否接受我的提议的决定后，叫我进来，我会进来的。"然后，他和我一起去吃午餐了。我们大概离开了两个小时，当我们回来的时候，他们说他们已经准备好给出答案了。当我们走进房间，女士们，先生们，我们发现这些工人不仅同意接受我们的提议，而且其中一些人还回了趟家，将他们所有的积蓄都带来了。

一个女人把她的积蓄都装在一个玻璃罐中。我这辈子从来没有见过这么多的一美分硬币、五美分硬币、十美分硬币、二十五美分硬币和五十美分硬币。他们把他们的储蓄支票都带来了，他们说："纳什先生，我们不仅决定接受你的提议，我们还凑了三千美元，这些钱可以立即投入店的运营。我们把这笔钱借给你。要是店开始盈利了，你可以慢慢把钱还给我们，皆大欢喜。要是还不盈利，那我们也心甘情愿失去这笔钱，毕竟是我们自愿将钱带来的。"

于是，他们就怀着这种心态回到了工作岗位。这份在员工和雇主之间活跃着的全新的工作态度很快使亚瑟·纳什裁缝店的生意比它成立初期还要红火。据我所知，虽然纳什先生已经去世近十年了，但他在去世前十分成功。据我所知，他的生意仍旧在迅速发展、不断壮大，就是因为在那工作的人都有正确的态度。让我来告诉你，商业和工业领域的雇主们必须和他们的雇员一同建立起与"比别人加倍努力"类似的工作态度，这一点是大势所趋——事实上，刻不容缓。不仅雇员需要这样的工作态度，雇主也一样。

在说服工业管理层人员将员工纳入合伙人范畴并与他们建立起利益共享关系上，我在整个美国都起到了不小的推动作用。在我参与的所有案例中，这些公司在改革后都比之前盈利更多。他们没有工人和雇主间的矛盾。他们给工人们提供了书面的工作保险合同，避免了一切劳务纠纷。人们更开心了，关系更和谐了。要是所有人都能够接受和吸收比别人加倍努力这条法则，那我们的世界将会变得更加美好。

当你应用比别人加倍努力这条法则时，你会吸引别人的注意力——是对你有利的注意力——这些人往往会给你带来大量机会，给你带来你意想不到的好处。你所要做的就是比别人加倍努力。知道吗，自然是了不起的力量，她督促人们做到比别人加倍努力，尤其是对那些被生活选择承担大任的人。她会用不同的方式测试他们。这里，我有一首诗想念给你们听，它会让你注意到自然是如何测试人的。我觉得或许我读完后，你会想得到一本签名本。如果是这样的话，我会给你的。如果广播听众想得到一本签名本，请给我写信索取，我会确保它寄到你手上的。下面就是这首诗。作者是安吉拉·摩根，题目是"当自然想要一个人"。

> 当自然想要历练一个人
> 刺激一个人，
> 培养一个人；

当自然想要塑造一个人

使他成为最高尚的典范时；

当她全心全意地渴望

创造一个如此伟大、勇猛的人

全世界都发出赞叹——

看看她的工艺，看看她的手法！

她无止境地完美

那个她衷心选择的人；

她是如何锤打他，伤害他，

有力的手段将他转变成

黏土做成的模糊形状

只有自然才懂得他——

当他的心灵因为饱受折磨而尖叫，他举起

求饶的双手！——

她弯折，却从不折断

当她着手捏造他的部分时——

她是如何将她亲手选择的人

为了一切目的熔化他，

用一切伎俩引诱他

来测试他的光彩——

自然知道她的本质。

当自然想要一个人

摇晃一个人，

叫醒一个人；

当自然想要一个人
实现未来的愿望；
当她用尽全身的技能时，
当她用灵魂的力量渴望
去创造一个伟大雄伟的他——
她在他体内注入了多少狡猾！
她是如何驱赶他却从不饶恕他，
她是如何刺激他使他躁动不安，
在贫穷中，她给了他——
她是如何常常使她
崇拜敬仰的人失望，
不管在他的身上即将发生什么
他天才般的哭泣充满蔑视，
他的铮铮傲骨绝不会被遗忘！
却命令他更有力地斗争。
孤立他
只有这样
上帝的高贵之言才能传达至他，
这样她才能教会他
主的意志。
尽管他可能不会理解
给他供他使用的热情。
她是如何冷酷无情地激励他
用无可阻挡的热情搅动他

当她不顾一切地偏爱他！

当自然想要命名一个人

称道一个人

驯服一个人；

当自然想要羞辱一个人

让他表现出天性中最好的——

当她执行最高等级的测试

她以为这能带来——

当她想要一个神或国王！

她是如何束缚他限制他

以至他的身体几乎没有了他

当她焚烧他

又鼓舞他！

让他渴望，为一个诱人的目标

欲火焚身——

挑逗并撕裂他的灵魂。

为他的精神设定挑战，

当他接近时将挑战提高——

创造一片雨林，让他清理；

创造一片沙漠，让他畏惧

让他征服，如果他可以——

就这样，自然创造了人。

然后，为了测试他内心的愤怒

在他的前途中扔下一座大山——

在他面前设置一个苦涩的选择

毫无保留地在他身上践踏。

"攀爬，或者死亡！"她这么说——

注意她的目的，注意她的手段！

自然的计划深不可测

我们可能懂得她的心——

愚蠢的人称她瞎子。

当他的双脚磨得鲜血直流

他的精神仍不顾一切地攀升，

他所有的高等能量在加速，

照亮了新辟的道路；

当神圣的力量

跳跃着挑战所有的失败

他的热情仍旧甜美

爱与希望在熊熊燃烧

一扫失败——

哦，危机！哦，喊叫！

这一定把领头人叫出来了。

当人类需要拯救时

他上前一步领导人群——

自然这才揭晓她的计划，

当世界找到了——一个人[1]！

---

1. 安吉拉·摩根，《当自然想要一个人》，发表于《前进，三月！》（纽约：约翰·莱恩出版社，1918）。

女士们，先生们，我认为这首诗非常符合今天的演讲主题。我认为我们在这个时候正需要一个人能站出来领导这个国家，领导这个世界。当这个领导出现时或许会超过一个领导人——但是，当这些领导者出现时，你可以放心，他们之所以伟大是因为他们被挫折、失败、倒退、失望、心痛洗礼过；你可以放心，他们会站出来，鼓励人们为了世界上的其他人心甘情愿地比别人加倍努力。这才是真正伟大的领导者。

养成习惯

现在，我要告诉你们比别人加倍努力能给你带来的好处，以及让它成为自己的习惯和哲学理念并时时刻刻应用于实践中所能给你带来的益处。首先，它让报酬递增法则坚定地与你站在一条战线——这是件天大的好事。知道吗，你应该对报酬递增法则心满意足。我曾经在一份都市报上读到过一个农民做试验的故事：他就在堪萨斯州做了一个关于自然界报酬递增法则的试验。他将一小撮麦粒种在土地里——真的只有一小撮，当麦子成熟时，他将麦子收割，又将所有的麦粒种到地里；然后，当这批麦子成熟后，他又将它们收割并把所有的麦粒再次播种到土地里，就这样他重复了五次。女士们，先生们，到了第五年年底，他的收成达到……你们猜多少？十万六千美元！

当你做了你应该做的事，为他人提供了有用的服务，严格遵守自然法则，并理解它们、将它们化为己用时，她自然会报答你，她是十分慷慨的。**而在所有的自然法则中，没有一条比**

"比别人加倍努力，提供更多的服务"更加有效——"播种比别人预期的更多、更好的种子"。

第二，这个习惯能吸引那些能够为你提供自我提升机会的人的注意力。对一个靠工资生活、为他人打工的人来说，这个世界上没有什么比养成比别人更加努力的习惯对他更有益的了。他应该比老板规定的时间工作得更久些，而不是盯着时钟等下班。

那个为威廉·C. 杜兰特工作的年轻人唐斯，当他开始工作的时候，从来没有听说过比别人加倍努力这条成功法则。他后来成了我的一名杰出的学生，所以我才知道他的故事。

最后一次听到他的消息时他仍旧在佐治亚州的亚特兰大，仍旧比别人加倍努力，他为南部州长协会担任顾问，每年只收取一美元的佣金。他说："我的钱这辈子都花不完。现在，我为了自己的兴趣工作。我仍旧比别人加倍努力。"因为他的杰出贡献，女士们，先生们，他已经给南方地区带来了超过五亿美元的工业产值。关键时刻就要来了，很多明智之人都相信南方在工业上最终会超越北方的，这一切都是此人比别人加倍努力的结果。当你吸收了这条法则的精髓并时时刻刻发扬它时，你的潜力是无穷的——你不仅仅需要相信它，还要时刻以身作则。

第三，它让一个人在许多不同的人际关系中都变得不可或缺，从而使他获得比一般人更多的报酬。严格来说，我并不知道是不是真的有人是不可替代的，但是在这个世界上，的确有一些人看上去是不可替代的。如果你真的可以获得不可替代的能力，那么比别人加倍努力的习惯肯定能让你更加轻松地获得这种能力。

第四，它能让你的精神世界更加成熟，让你在不同的行业表现出色，这样你就能在你所选择的职业中发展更强的能力和更高的技巧。我生命中的每本书、每场演讲，我都尽我所能使它比我的前一本书、前一场演讲更加精彩。有时候，我并没有达到这个目标，但我总是尽力而为。因为我竭力想做到最好，我投入更多的精力。在这个过程中，我自身的能力也得到提升。正是通过这样的努力和奋斗，我把自己带到了自我发展领域全世界第一的位置——靠的全是**比别人加倍努力，毫无保留地付出**。

还有，它保护你免遭失业之灾，它让你有权自主选择职业和工作环境，并吸引更多的自我提升机会。它让你受益于反差带来的好处，因为大多数人并没有做到像你一样。你应该感激反差带来的好处。看看你的周围，你会发现很少有人做到比别人加倍努力。当你做到这一点的时候，你便吸引了他人的注意力——但有时候，是那些不喜欢你的作为的人嫉妒的眼神。但是你绝不能因此放弃，你必须坚持。

它能让你树立起积极的心态，这是一种亲切和蔼的人格的重要组成部分。它还能帮你建立起好奇、敏锐的想象力，因为它促使你不断地搜寻新的、更有效的提供服务的方式。在我所有的演讲和写书过程中，我都学到了一些从前不知道的知识。有趣的是，上一周，我在这里学到了一点儿公开演讲的知识。若没有你们对我的评价，我是完全被蒙在鼓里的。再过一会儿，当我们要讲到公开演讲的时候，我再告诉你我学到了什么。这对你们来说也非常有用——这就让我意识到，如果你不会学习，你永远不会做到完美、高尚和成功。只要你的心胸是开放的，只要你愿意学习，只要你保持青春活力，你就会不断成长。但是一旦你达到成熟的点，接下来你面临的便是腐烂。

比别人加倍努力能帮你建立起好奇、敏锐的想象力。请记住：好奇、敏锐的想象力——因为你一刻不停地在寻找提供服务的新方式。此外，它是开发个人自主能力的重要因素。没有这一点，任何人都不过是平庸之辈；没有这一点，没有人能够获得经济自由。如果你不培养个人自主能力，或只有在别人的督促和陪伴下才做你应该做的事，那你在生活的道路上不会走得很远。

使它成为一种享受

比别人加倍努力并且从比别人加倍努力这个习惯中享受到乐趣，肯定能开发你的个人自主能力。它让你在自主行事的过程中感受到乐趣。有趣的是，这是自然让所有人都坚持做的事。自然给了你控制自己的心智不可辩驳的力量，她期待你能解决自己的疑难问题，并且在某种程度上，通过你的心智发现你在这个世界上的命运。但是这永远取决于你是否能够自主行事——你必须自己来完成任务，你不能让别人帮你做。当然，世界上有很多人依赖于别人为他们思考，但是心甘情愿这样做的人抛弃了造物主赋予他们的最伟大的特权——运作、使用、指导和控制他们自己心智的权利。

拥有个人自主能力是一个典型的成功美国公民最突出的特点，而这个国家可以说是建立在自主意识基础上的。要不是那五十六位勇士靠着他们的自主意识在人类历史上最神圣的文件——《独立宣言》上签名，要不是他们拥有强大的个人自主能力，我们今晚便不会以自由身出现在这里；我们也不可能像今天这样，在美国做任何我们想做的事，说任何我们想说的话。伟大的工业家，美国吃苦耐劳的铁路工人，将美国打造成世界上最富有最令人向往的国度的金融家，创造了迄今为止最高生活标准的银行家；要不是他们的自主创新能力，我们是不会有辉煌的今天的。

有自主意识的人，愿意追随自己心灵的人，拿得起放得下的人，宠辱不惊的人，敢于为自己的行为负责的人——这些是走在世界前列的人，而不是那些谋求公共救济和养老保障的人。我可以告诉你，只有一个地方你能得到绝对的安全。我觉得你们之中没有一个人想去那里。那个地方就是监狱。要进去很容易，进去后你什么都不用担心：你下半生的烦恼都被清空了。但我宁愿自己摸索生活，根据我的自主意识经历酸甜苦辣，并相信我运用这些伟大的自然法则的知识可以走到我想要去的地方，一路披荆斩棘，为目标奋斗。

比别人加倍努力绝对能够帮你获得自力更生的本领。我注意到上次演讲后你们给我的评价中有三项特别突出：第一，你们在热情这一项上给了我"满分"；第二，你们在自信这一项上给了我"满分"；第三，你们在镇静这一项上给了我"满分"。几乎你们每个人都给了我这样的评价。那么，你觉得我是从哪里得到镇静、自信力和热情的呢？女士们，先生们，我将我的生理力量、心理力量和精神力量都最大限度地用在了我所做的工作中——我倾尽所能，永远追求最完美的结果。就在这个过程中，我获得了这些要素。久而久之，不仅我追求到了最好的结果，所有我内心渴望的、需要的东西都出现在我的面前。

还有，比别人加倍努力也能让一个人通过自己的诚意和能力，在别人心中树立他人对你的信心。想在别人心中留下一个良好印象，最好的办法是让他们亲眼看到你在你的工作中恪尽职守——无论你的工作是什么。看到你勇于承担，永远都倾尽全力工作；看到你不是做一天和尚撞一天钟；看到你不是在浪费时间；看到你没有满口怨言；看到你不是娇生惯养盛气凌人的样子。我喜欢那些认为自己只有一项专权的人，这项专权就是将最好的自己奉献给世界的权利。

比别人加倍努力的好处是它能帮助你彻底控制拖延症这个可怕的问题。我想你们都知道这个词吧？拖延症这个老人就像是那条老人河，他不停地向前走啊走啊却一言不发。但是，女士们，先生们，他能做出很多事来。

另外，你要比别人加倍努力地设立生活的明确目标。如果没有目标，一个人无论做什么都不可能成功。

它还给拿固定工资的人要求升职和加薪的权利，世界上没有什么其他东西能给一个人要求升职和加薪的权利。我在这几年看到很多人都向上司要求加工资，很多时候，他们要求加薪的理由是这样的——一个职员想要更多的收入，于是走进他老板的办公室，说："老板，我想加薪。"老板问："我为什么要给你加薪？""因为我的妻子要生孩子了。"然后，老板说："这跟我完全没关系。这是你自己的事。"或者有人会说："我的家人生病了。"这和老板也完全没有关系。但如果你走进老板的办公室，说："看，老板，我比公司其他所有人都更加卖力地工作。我的业绩是最好的。我给周围的人带来了积极的影响。我一直抱着积极正确的态度工作。所以，我在想，在你的竞争对手发现我之前，你是不是愿意做些什么来褒奖我的表现？"我保证这会引起老板的注意的。如果你比别人加倍努力，并且一直提供比老板预期的更多更好的服务，那你升职或加薪的速度一定会很快。

今晚，将这条法则带回家，将它牢记于心，将它写在纸上，贴在你家中的每个房间。每次走进去，就能看见它。这句话是：**保证提供服务的价值永远高于你的报酬。不久的将来，你的报酬肯定将高于你的劳动价值。谢谢！**

以下这篇关于拿破仑·希尔的简介摘自《平民之见》杂志：

　　拿破仑·希尔从物质和精神角度，研究学习导致个人成功和失败的法则，并因此成为美国历史上一位独特的人物。

　　他出生于弗吉尼亚西南部山区的一个小木屋中，他在他令人敬佩的继母的帮助下，克服了贫穷带来的障碍。作为一名年轻的杂志撰稿人，他与安德鲁·卡内基取得了联系。卡内基建议他探索"成功的科学"，这样别人在生活的道路上就不必再经历卡内基一路上经历的那些坎坷和挫折。

　　在其长达二十年的研究生涯中，希尔采访了超过五百名各行各业的成功人士。这项研究是他多本著作的基础，包括《思考致富》《如何提高你的薪水》和一门名为"成功的科学"的课程。他还是月刊《无限成功》的创始人，杂志由戈弗雷—斯通国际出版社出版。

　　希尔的很多演讲被再次印刷在报纸和杂志上。接下来这篇希尔的演讲发表在《平民之见》上。这本杂

志每期大约六十页，二十五美分一本。这是一本大胆
创新的杂志，报道了波兰犹太罪犯大屠杀等事件。

《平民之见》由艾萨克·唐·莱文创立，他于1892年出生
于俄国，并于1911年来到美国。莱文成了一名报社记者，并为
《纽约先驱报》报道了1917年的十月革命。20世纪20年代，他
回到苏联，为《芝加哥日报》报道。之后，莱文在西德的自由
欧洲电台工作。

这些在20世纪40年代出现的文章非常应时且意义重大，
即使在今天也有重要价值。文章的话题非常广泛，涉及美国政
府里的苏联间谍和巴勒斯坦、中国、朝鲜等等。

《平民之见》吸引了全世界的许多作家，他们有的保守，
有的信奉自由意志主义，有的信奉自由主义，还有社会主义
者。这些作家都是他们各自领域的精英。除了希尔——他靠
1937年的作品《思考致富》而名声大噪。杂志的其他作家包
括《飘》的作者玛格丽特·米切尔，英国哲学家、数学家和
社会活动家伯特兰·罗素爵士，《阿特拉斯耸耸肩》的作者
安·兰德，这本书至今仍非常受欢迎，还有克莱尔·布思·卢
斯，她是美国国会的议员，美国驻意大利大使，《名利场》和
《时代周刊》的作者。

这篇《这个不断变化的世界》是希尔对信念这个话题的复
述。这篇文章最近在希尔长大的那所位于西弗吉尼亚怀斯县的
房子里的火炉后面被找到。这所房子人称"威利·班纳屋"，当

时正在被它的主人托马斯·肯尼迪（当地一名商人）翻修。班纳是希尔继母的姐妹。肯尼迪先生非常慷慨地捐赠了这篇文章，我们把这篇文章就像当年刊登在《平民之见》上一样，一字不差地呈现在你面前。

——唐·格林

《这个不断变化的世界》

拿破仑·希尔，为《平民之见》杂志所作

我刚刚有了一个了不起的发现!

我发现我拥有价值连城的珍宝。这些金灿灿的珍宝来自生活，如果你想与我分享的话，我会毫不犹豫地送给你。

我的财富的奇怪之处在于我只有将它传递给他人后才能真正享用它。你也会发现，只有将它慷慨地施舍出去，你才能从中获利。

从我进入挫折这所世界上最了不起的大学开始，我便逐渐无意识地积累起了这笔财富。在经济萧条期间，我在这所大学里攻读硕士学位。

就在那个时候，我发现了我埋藏在深处的无价珍宝。我发现它们的那个早上，一张银行通知单寄到了我手上，告诉我银行的大门向我关闭了，或许再也不会向我开放。就从那时起，我开始探索这笔我从未用过的财富。

跟我过来，让我告诉你里面有什么。

这张财富清单上最贵重的物品是：信念!当我内观自己的心灵时，我发现尽管我在财产上输得一干二净，但我对无限智

慧和我的同胞有巨大的信念。

还有一项几乎同样重要的发现——我发现信念可以帮你得到金钱无法买到的东西。**当我拥有大笔钱财时，我错误地以为金钱就是力量。令人震惊的真相终于被揭晓了：没有信念，钱不过是惰性金属，它自身毫无力量。**

我人生中第一次意识到执着的信念所包含的无穷力量，我仔细地检查确定我的财富中有多少是信念，于是我到乡间散步。我想远离人群，远离城市的喧嚣，远离"人类文明"的干扰，这样我才能冥想、思考。

在路上，我拾起一颗橡子，将它攥在掌心。我是在一棵巨大的橡树的树根边找到它的。我试图揣测这棵树的年龄，它这么大，当乔治·华盛顿还是小孩的时候，这棵树一定已经参天了吧。

当我站在那里观察这棵大橡树和我手中的小橡子时，我意识到这棵树就是从一粒小小的橡子长成的。我也意识到不是所有人都能种植出一棵如此伟岸的大树的。

我也意识到无限智慧的某种形式创造出了这颗橡子；从这颗橡子中长出一棵参天大树，它发芽，慢慢长大。

我能够看到、触摸到土壤和橡子，但是我看不到也摸不着那从这小小种子中创造出参天大树的无限智慧。但是，我坚信这无限智慧的确存在。不仅如此，我还知道这种智慧是其他任何生物不具有的。

在这棵巨大的橡树的根部，我拔出一棵蕨草。它的叶片设计精美——是的，设计——当我看着这棵蕨草，我意识到它是由创造橡树的同一个无限智慧创造出来的。

我继续向前走，直到我面前出现了一条清澈、翻腾的小溪流。我在溪边坐下，一边休息一边聆听小溪欢悦地奔向大海时唱的歌。

这让我想起我年少时甜美的回忆，那时我在一条类似的小溪边玩耍。当我坐在那里听小溪发出的动听的音乐时，我感知到那看不见的存在——无限智慧在我内心对我说话，它告诉我一个关于水的迷人故事。故事是这样的：

水，纯净、清冽、潺潺的流水！自从这个星球冷却，成为人类、动物和植物的家园以来，你就在为它服务。

水，啊，如果你能说话，你会给我带来一个怎样的故事啊。你为历尽沧桑的千万个旅行者解渴；你浇灌花朵；你化为蒸汽，推动人类机器的转动，又凝结回到你原先的形态。你清洁下水道，你冲洗人行道，回到你的源头，净化自己，重新开始。

当你旅行时，你只往一个方向前进——朝着大海，你最初的来源。你永远来来去去，但你似乎甘愿做牛做马。

水，纯净、清冽、潺潺的流水！无论你干多少脏活，你总在一天的劳顿后清洁自己。不朽的流水！你无法被制造，也无法被消灭。你就像生命。没有你的仁慈，也就没有任何形式的生命得以生存。

我曾经听过一段动人的布道，这段布道向我揭示了小溪的音乐之谜。通过这段布道，我见到、感受到了更多关于无限智慧——那个将一颗橡子变为一棵大橡树的智慧——存在的证据。

树的阴影逐渐拉长，一天即将结束。太阳逐渐沉入地平线，我意识到，它在那段无与伦比的布道中也同样至关重要。

浪漫的互生关系

若没有来自太阳的帮助，这颗小橡子是不可能成长为大橡树的。若没有来自太阳的帮助，小溪中跃动的流水只会被永远圈禁在海洋里，地球上的生命不可能存在。这些想法给我听到的布道带来了振奋人心的高潮，太阳和水之间存在浪漫的互生关系，似乎世间其他的浪漫都无法与它相比较。

我从小溪中拾起一枚小小的白色鹅卵石，它被流水打磨得十分光滑。当我把它握在手里时，我又从内心听到了一则更加动人的布道，这回向我的意识布道的无限智慧说：

> 看，凡人，看你握在手中的奇迹。我只不过是一枚小小的鹅卵石，但事实上，我是一个小宇宙。我看上去死气沉沉，但外表往往是迷惑人的。我由分子组成，在我的每个分子中，是一堆又一堆的原子。而在每一个原子中，是数不清的电子，以你无法想象的速度旋转。我并非一块死气沉沉的石头，我是不停运动的元素有规律的合成体。我看上去像个实心块，但是外表往往只是幻象，我的电子彼此之间相隔的距离比它们自身要长得多。

这篇布道所传达的思想是那么发人深省，那么激动人心，它使我感到不知所措。因为我现在知道自己捧着的是极小的一股能量，但这能量让太阳、星星和我们生存的地球正常运作。

冥想让我意识到，即使是我手中这枚小小的鹅卵石，也遵循着自然的法则和规律。这是个多么美好的事实。我意识到在这枚小小的鹅卵石中，浪漫和现实被完美地结合。我也意识到，我手中握着的这块石头中，事实继承了幻想。

我从来未曾如此强烈地感受到被包含在这枚小鹅卵石中的自然法则和规律的重要性。我从来没有感受到自己离对无限智慧信仰的源泉如此之近。沉浸在大自然母亲的树木和溪流中是一种无比美好的感受，它们的沉静吩咐我疲惫的灵魂安静下来，观察、感受和聆听，而无限智慧将现实的故事向我娓娓道来。

一时间，我来到了另一个世界，一个没有"经济萧条"、没有银行破产、没有煎熬、没有险恶的竞争的世界。我一生中从来没有像此刻这样坚信无限智慧的存在，也没有像此刻这样真切地感受到我的信仰的来源。

我在这个新发现的乐园里逗留，直到星星开始在夜空闪耀。我不情愿地踱回城市，不得不回到被弱肉强食的"文明法则"驱使着的人群中。

我现在回到了我的书房，身边是成堆的书，但是我被寂寞淹没。我渴望回到那条友善的小溪旁，仅仅几个小时前，我的灵魂接受了无限智慧的温柔洗礼。

是的，我现在确定我对无限智慧的信仰是真实、持久的。它不是没有根据的信仰，它建立在对无限智慧的杰作的严谨检阅上。我之前一直在错误的地方寻找信仰的源头，我一直在人类的作为中寻找。

但我在一颗小橡子和一棵大橡树中找到了它，在一棵不起眼的蕨草的叶片中和土壤中找到了它，在温暖大地、移动水源中找到了它，在一枚小小的鹅卵石中和满天的繁星中找到了它，在乡郊野外的宁静和平和中找到了它。

我怀着激动之情告诉你，无限智慧通过人类对积累物质财富的疯狂冲动而引起的斗争揭示其真实面目。

我的银行账户被冻结了，但是我比百万富翁更加富有，因为我有信念。只要有信念，我就能建立起其他的银行账户，并且获得为了在"人类文明"的大旋涡中生存的财富。不，我比百万富翁更加富有，是因为我所依赖的力量是我内心的力量，而其他人则依托股市的起伏变动。

我的力量之源就和我呼吸的空气一样是免费的。要将它化为己用，我只需要信念，而我的信念永不枯竭。是时候让整个世界的人都明白信念是人类每一次努力的起点，恐惧是每一次毁灭的源头。

信念

信念让一个人近距离接触无限智慧（或上帝，如果你更喜欢这么称呼的话）。恐惧使人和上帝分离，使交流成为不可能。

信念催生了亚伯拉罕·林肯，恐惧诞生了阿尔·卡彭。

信念培养伟大的领袖，恐惧造就谄媚的小人。

信念使人在交易中恪守信用，恐惧使人谎话连篇、心虚作祟。

信念让人发现别人的闪光点，恐惧让人发现一个人的短处和缺点。

你可以通过一个人的眼神、一个人的面部表情、一个人说话的声音、一个人走路的方式看到信念。当然，你也可以看到恐惧。

信念吸引对你有用、有建设性的事物，恐惧则吸引对你有破坏作用的事物。

信念伸张正义，恐惧滋生邪恶。

任何使人害怕的东西都应该接受严格的检查。

不管是信念还是恐惧，都将以物质形式伪装，以最实用最自然的方式出现。

信念创造，恐惧破坏。这一点从来不会颠倒！

信念和恐惧从不会有交集。它们不会同时占据你的心灵。要么这个主导，要么那个主导。

信念可以将一个人带到成功的新高度，恐惧使任何成就化为乌有。

恐惧将历史上最糟糕的混乱带到这个世界上，信念则把它赶走。

信念是自然界中的炼金术，自然用它来将精神力量与生理力量和心理力量加以融合。

恐惧与精神力量就如水火般不相容。

拥有信念是人类的特权。运用信念，它能将人们套在自己身上的枷锁——无论是真实的还是想象的——打破。

　　大多数懂得科学的人会远离任何形式的恐惧，而那些不懂科学和自然规律的人却沉睡在恐惧中。这一事实发人深省。

　　人们认为，拿破仑·希尔在战场上的贡献足以与成千上万名士兵的贡献相比。因为他用信念的力量激励了他身边的人，他让人们相信战争的胜利是属于他们的。这对工业和商业领域的领袖来说也是弥足珍贵的一课。

　　当你失去了信念，就等于为你自己的人生画上了句号。因为你是不会成功的，无论你是谁，你在做什么。

　　"我真诚地告诉你，如果你有如一粒芥末子般大小的信念，你对你面前的大山说'移到别的地方去'，它便会移到别处。对你来说，没有什么是不可能的。"毫无疑问，经济危机摧残了成千上万人的心灵，但就是这些人，从自己的经历中学到了恐惧不会带来成功。

只要再挖三英尺

　　或许你是拿破仑·希尔经典之作《思考致富》千万名读者中的一名。这本书中最开始的一个故事名为《只要再挖三英尺》。希尔讲述了 R. U. 达尔比跟他讲的一个故事。这个故事生动地阐释了"导致失败最常见的原因之一在于，遇到暂时的失败就撒手放弃"。

　　这个故事讲述了达尔比和他叔叔的经历。在淘金热时期，他们被寻找金子的想法深深吸引，于是达尔比的叔叔去西部挖掘他的财富。他找到了金子，但是因为需要机械设备，他回到了位于马里兰的家，希望从亲戚朋友那里凑钱买设备。

　　很快，金子似乎逐渐被淘光了，达尔比和他的叔叔决定放弃淘金，返回家乡。他们将工具和设备卖给了一个收破烂的人，这个人请了一位工程师，很快就找到了金子，这个地方离叔侄俩最后停止挖金工作的地方只有三英尺（不到一米）。

　　达尔比回到马里兰后，进入了保险行业，他发现梦想可以转化为金子。由于自己曾经因为三英尺的距离与财富失之交臂，他将此作为激励自己工作的动力。他说："我曾经在离金子三英尺远的地方放弃了，但是在我销售保险时，我绝不会因为听到'不'而放弃。"

在出版《思考致富》之前，希尔在1919年到1923年间发行了《拿破仑·希尔的黄金法则杂志》和《拿破仑·希尔杂志》。有好几年，希尔在美国的各大城市做巡回演讲。他开始发行杂志后，便利用它们作为推销自己在成功法则方面演说才能的渠道，这些法则都是他自己总结撰写出来的。

下面是一个报纸版面，刊登了一则拿破仑·希尔将在马里兰州的巴尔的摩做长达五天演讲的广告。请注意，这则广告是由R. U.达尔比公司赞助的，时间是1933年2月15日。希尔因为他的两本杂志和他来者不拒的态度而十分受欢迎。

在1933年刊登这则演讲广告之前，希尔已经于1928年出版了他的八卷巨著《成功的法则》。这部作品所获得的利润按月进入希尔的账户，有几个月达到了上千美元。希尔一直对汽车很着迷，于是买了一辆劳斯莱斯送给自己。

下面这则广告是许多介绍希尔的生平、帮助他成为著名公众人物的广告之一。

——唐·格林

这场免费讲座课程的目标

这个世界刚刚挺过了三年的混乱不安，这三年考验了许多男男女女的灵魂。其中一些人有勇气坚持下来，并心存看到美好明天的希望。一些人却倒在路边，身受重创。

几个月前，命运之轮的奇怪转向将我们公司和拿破仑·希尔（《成功法则哲学》的作者和华盛顿国际成功大学校长）联系了起来。

希尔先生给我们带来了新的信念、新的勇气和对"经济大萧条"巨大价值的全新认识。由于这个特别的经历，我们决定雇用希尔先生一整年（那是1933年），让他激励公司员工，使他们为公司创造出色的业绩。

我们不能接受像希尔先生这样有益于世界的人的服务，而不将他带给我们的益处分享给巴尔的摩市的朋友们。我们觉得巴尔的摩整个城市都需要心理、精神和经济上的复苏。而我们从自己的经历中知道，希尔先生是提供这些复苏的最佳人选。

所以，我们成为黄金法则的真正追随者，为我们城市的人民免费提供一系列希尔先生的讲座。无论你是谁，无论你正在经历什么困难，我们都欢迎你来参加这些讲座。

无论是希尔先生还是我们公司都不想在讲座中向你兜售产品。只要你过来，就准备好接受新的觉醒吧。带上你的家人或商业伙伴来见证我们亲身经历过的奇迹。你的心中一定会生出至关重要的变化，让你用全新的眼光看待世界。

希尔先生的一生丰富多彩。他说的话浅显易懂。他不仅告诉你应该做什么，还向你展示如何将他的哲学应用到实际中并使其立即见效。

他是世界上第一门自我成功哲学的创始人，他的学生遍布世界每一个国家。他比当代任何哲学家帮助过的人都多。你会被他传达给你的思想的实用性震惊。

将你手头的其他事都推开，来参加开幕之夜的演讲吧，然后你可以自己断定它是不是有价值。我们公司已经为巴尔的摩市的朋友们提供了三十多年的服务。我们不会轻易赞助任何人，除非我们百分之百地确认他会为我们带来好处。能够赞助拿破仑·希尔我们感到非常荣幸。

在课程结束时，我们公司会招聘新人，无论是男是女，只要你充分吸收了希尔先生的课程并得到他本人的认可。这是一份固定工作，并且能给你带来可观的收入。

R. U. 达尔比公司
巴尔的摩信托大厦

THE OBJECT OF THIS FREE LECTURE COURSE

•

THE world has just passed through three years of chaos which has tried the very souls of men and women. Some have had the courage to hold on and to hope for the sunrise of a brighter day. Some have fallen by the wayside deeply wounded.

Through one of those strange turns of the Wheel of Fate our organization came into contact, a few months ago, with Napoleon Hill, author of The Law of Success philosophy and President of the INTERNATIONAL SUCCESS UNIVERSITY, of Washington, D. C.

Mr. Hill brought to us a new spirit of FAITH, new courage and an entirely new conception of the stupendous values which have come out of the "depression." As the result of this unusual experience we retained Mr. Hill for the entire year of 1933, for the purpose of stimulating the members of our organization so they will be able to make this the greatest year of our entire experience.

We are not contented to accept the services of a man who is as useful to the world as Mr. Hill without sharing the values he has brought us with our neighbors in Baltimore. We feel that this entire City needs mental, spiritual and financial rejuvenation, and we know, from our own experience, that Mr. Hill is the man to provide it.

We are, therefore, casting ourselves for a true Golden Rule part by presenting to our neighbors, without money and without price, a free lecture course under Mr. Hill's direction. No matter who you are or what may be your problems, you are welcome to attend these lectures as our guest.

Neither Mr. Hill nor this organization has anything to sell you during these lectures. Come prepared to receive a new awakening. Bring other members of your family or your business associates with you and observe, as we have done here in our own organization, that something will take place in your mind which will give you a new outlook on life.

Mr. Hill has had a rich experience all through life. He talks in terms that the man of the street understands. He not only tells people what to do, but he shows them how to put his philosophy of achievement into instant practice.

He is the author of the world's first philosophy of individual achievement and he has a student following in practically every country on earth. He has the honor of having helped more men and women to find themselves than any other philosopher of this age. You will be impressed by his frankness and the practicability of the ideas he will pass on to you during this lecture course.

Set aside all other engagements and attend the opening night lecture, then judge for yourself the values available to you. We have been serving our friends in Baltimore for more than thirty years. We would not assume the responsibility of sponsoring any man unless we knew, beyond room for doubt, that he would reflect credit upon us. We feel it an honor to be privileged to sponsor Napoleon Hill.

At the end of this lecture course we will add to our organization any person, either man or woman, who assimilates enough of Mr. Hill's training to gain his endorsement. The position will be permanent and profitable.

R. U. DARBY and ASSOCIATES
Baltimore Trust Building

▼

启发《思考致富》的信件

下面第一封信来自国会参议员詹宁斯·伦道夫，这封信为拿破仑·希尔带来了《思考致富》这部杰作的灵感。之后附上其他来自詹宁斯·伦道夫的信，以及拿破仑·希尔的儿子布莱尔给大卫的信。

——唐·格林

我亲爱的拿破仑：

作为国会参议员，我的工作让我目睹了众多男女的困难。我写信来是想提出一个建议，这个建议可能会给千万个正直的人带来帮助。

我首先要向你道歉，因为我的建议可能会给你带来好几年的辛勤劳作和责任，但我仍旧要冒昧地向你提出这个建议，因为我知道你是多么热爱为他人提供有用的服务。

1922 年，你在塞勒姆学院做了毕业演讲，那时候我就是其中的一位毕业生。演讲过程中，你在我心中种下了一个想法，这个想法直接导致我今天能够为我的国家和人民服务，我相信也为我未来的成功奠定了坚实的基础。

我的建议是，将你当初在塞勒姆学院做的演讲的中心思想写成一本书，这样，你就给了所有美国人从你多年来的经验和与伟人——他们正是使美国成为世界上最伟大的国家的人——的交往中获益的机会。

恍如昨日，你给我们讲述亨利·福特是如何在没有接受过教育、没有一分钱、没有有势力的朋友的情况下成长为汽车大亨的。就在那时，甚至在你结束演讲前，我就下定决心要在这个世界为自己获得一席之地，无论一路上我要攻克多少难题。

今年和之后的几年里，会有成千上万名年轻人从学校走出来。他们中的每个人都会寻找一条鼓励他们奋斗的信息，就像我当年从你那里找到的一样。他们想知道在哪里转弯、应该做什么、怎样开始社会生活。你可以告诉他们，因为你帮助许许多多的人解决了困难。

如果你真的能够提供如此了不起的服务的话，我还想再提一个建议：在每一本书中都插入一张你的个人分析表，这样购买者就能够做自我评价、得到指导并从中受益，就像好几年前你帮助我看清我和成功之间有什么障碍一样。

这样的服务——为你的读者们提供一幅关于他们优势和劣势完整、客观的图画——对他们来说是成功与失败之间的差别。这项服务是无价的。

　　成千上万的人都面临着如何从大萧条中振作起来的困难，我凭我的亲身体验告诉你，这些诚实可亲的人非常希望能有机会向你诉说他们的难题，并从你这里得到解决方案。

　　你知道这些不得不从头再来的人所面临的困难。现如今，美国有千万人想知道如何将想法转化为金钱。这些人白手起家，没有资本，债务累累。如果有人能帮助他们，那一定是你。

　　如果你出版这本书，我希望能得到从印刷厂出来的第一本书，上面有你的亲笔签名。

祝你一切都好。

你真诚的，

詹宁斯·伦道夫

1934 年詹宁斯·伦道夫给拿破仑·希尔的来信

亲爱的拿破仑：

　　我很高兴那天在纽约能有机会和你交谈一小会儿，继续我们之前的讨论。我想说，不过你很有可能已经知道了，在美国民间资源保护团的营帐中有超过五十万名十七到二十八岁的青年男子，而这样的营帐大约有 2400 个。

　　这些男子急切需要你的"成功法则"哲学理念所带来的服务，我希望能和你一起用最直接、最简单的方法将服务提供给他们。我想亲自将你介绍给费希纳上校，他是这些营帐的总指挥。我希望我能为你打开与这些男孩建立联系的大门，并满足你的一切合理要求。

　　我的这个建议在很大程度上建立在二十年前我从你身上获得的启发上，那时候，我还只是塞勒姆学院的学生。我学习你的哲学并将它用在我的工作中。

　　我并不想把你的书卖给这些男孩子，我认为不花钱但是又能达到目的的方案更妥当。我想让他们充分学习并使用你的哲学，却不花费他们或政府太多的钱。我最近常常和他们交流，我知道他们需要什么。

　　政府目前并没有在实践层面传播你的哲学的教育项目，这些男孩需要的正是你可以提供给他们的培训。此外，他们需要当年你给我的鼓励和启发，它们大大帮助了我。

　　　　　　　　　　　　　　　　　　你真诚的，
　　　　　　　　　　　　　　　　　　詹宁斯·伦道夫

1953 年詹宁斯·伦道夫给拿破仑·希尔的来信

1953 年 9 月 15 日

拿破仑·希尔先生

埃塞尔街 1311 号

加利福尼亚州格兰岱尔市

亲爱的拿破仑：

恭喜《如何提高你的薪水》一书出版！我相信，这本重要的书会激励成千上万名读者，他们都将从你的成功哲学中受益。

坦尼森曾说过"我是我所遇见的一部分"。三十一年前，我们的人生交会点的确是这条真理的证据。1922 年你在塞勒姆学院做的毕业演说中所传达出的真理后来被纳入《思考致富》一书第十七条成功法则中，它确实成了"我所遇见的一部分"。

你条理清晰的论述证明了进步的钥匙并非一直被少数人掌握，每个人都可能获得意义深远的成就，只要他们愿意不断进步，并且敢于尝试不同的、创新的想法！我一直认为，那些自身取得极高成就并且为他人的利益付出大量心血的人，是那些从失败中学习的人。他们磕磕绊绊，但是他们在跌倒后很快又站起来了！

在 J. H. 卡迈克尔主席的带领下，我们与首都航空公司的4500名工人建立了合作伙伴关系。我们致力于提高薪水，同时也开阔我们的视野。这种坚持到底的精神来自对你的哲学理念的应用，它使公司在这一年里载着两百五十万名乘客飞行，创造了将近四千五百万美元的营业总额。

我时刻谨记你的挑战和教导。

你衷心的，

詹宁斯·伦道夫

1935年詹宁斯·伦道夫给莱斯特·帕克的信

1935年3月16日

莱斯特·帕克先生（《有思想的图片》的制作人）

纽约

亲爱的帕克先生：

　　希望我不是华盛顿第一个向你祝贺的公众人物，恭喜你达成让拿破仑·希尔做客电视节目，将他推荐给全美国观众的计划。

　　我认识希尔先生有十多年了。我第一次感受到他著名的个人成功哲学的影响力是在塞勒姆学院的毕业典礼演说上，我当时是毕业生中的一员，他来学校为我们演讲。我很高兴地承认我从那次演说中学到的东西帮助我实现了我一生的梦想：在国会代表我所在的州服务人民。我现在正在度过我的第二个任期。

　　我向每一个有机会接受这位了不起的商业哲学家指点的人都送上贺词。这位哲学家的人生任务是帮助人们解决困难，保护他们不被困难拽下深渊。

　　在你将希尔先生送上电视屏幕之前，你还会收到我的祝贺，因为你给了大众受益于希尔先生的个人服务的机会，这是个了不起的决定。因为我坚信有上万人急需希尔先生的建议和鼓励，以及他所能提供的实际帮助。我很高兴看到你在这个时候将希尔先生呈现给大众。因为他是罗斯福总统的忠实崇拜者，我相信他肯定能够向大众解释和推广罗斯福的新政。

你真诚的，

詹宁斯·伦道夫

1938 年布莱尔给大卫的信

大卫是拿破仑·希尔三个儿子中最小的一个。（J.B. 希尔博士是他的儿子，也是拿破仑·希尔基金会董事的信托人。）大卫在军队中成就了他的事业，他参加了第二次世界大战和朝鲜战争。他成了西弗吉尼亚州荣誉最高的士兵之一。他也是拿破仑·希尔三个儿子中最晚去世的。大卫按照全套军事礼仪被埋葬于阿灵顿。

1938 年 3 月 20 日

亲爱的大卫：

自从上一次我离开兰伯波特，我一直牵挂着你。你过得怎么样？你在做什么？我常常期盼你的来信。

我希望你一切都好，希望吉米、格蕾丝和朱迪斯也一切都好。你经常和最小的那个宝贝玩耍吗？朱迪斯真是太可爱了！

周五晚上我收到一封母亲的来信，她说她很担心你，现在你不去上学了，她不知道你打算做什么。她还告诉我，胡德舅舅让玛丽阿姨（要么就是他即将这么做）告诉吉米，他可以帮你在一家燃气公司安排一份工作。

当然，我不知道这个消息几分真几分假。它可能是确切的，也可能不是。但不管怎样，有一些问题你必须自己解决，如果你想跟上时代前进的脚步的话。我想你不会介意我在这封信中自作主张和你谈论这些事吧？你一定知道，家里或你的朋友圈中没有人比我更关心你的未来和成就了吧？

我记得，我上次回家，也就是二月份的时候，你因为不符合年龄条件（或许还有学历条件）不得不放弃你一直向往的海军部队。如果你仍有机会参军，我一定大力支持。

但除此之外，你目前唯一的合理选择是出去工作——或许为燃气公司工作，如果胡德舅舅愿意帮你争取到特权的话。

我说"特权"，因为这的确是特权！你一定记得，胡德舅舅不用他现有的这么多人，就能够轻松经营这家燃气公司。我知道他和凡斯舅舅雇的人比他们需要的人多，他们之所以这么做是因为他们觉得自己有义务帮助他人。

你还记得曾经有许多次我需要工作的时候都想去这家公司干活，但是他们都没有答应，因为那里没有多余的活给我干，除非是那些临时冒出来的。我想你要面临的情况也差不多。如果你是技术工人，比如钻孔工人、钻孔工人的助手、焊接工等，那情况就会不一样。但是，说白了，若没有人监督你的话，你什么事也做不好（我曾经也是这样）。你可能要去挖壕沟、当货运司机，或做其他类似的工作。

但是无论你最后做什么（如果你够幸运得到一份工作的话），我强烈要求你坚持下去！你很有可能被派去挖壕沟。这是最残忍、最伤身、最单调的苦活。每天八小时，一天一天，一周一周，你会变得无比厌倦烦躁，继续工作对你来说就是折磨。我想在这里警告你，如果你真的被派去挖壕沟，看在上帝的分儿上，你无论如何也要坚持下去！不管它让你觉得多么疲倦，多么煎熬，多么厌烦，你都不要放弃。坚持下去，不要对任何人流露出一点抱怨的迹象，认真、诚实地工作。

2

我说"认真、诚实"，意思是你的付出应该对得起你得到的工钱，并且还要贡献额外的价值。原因是什么呢？仅仅因为这是我从经验中学到的（那时候对我来说是令人悲伤的经验），胡德舅舅绝不是一个傻子！如果他交给你一项工作，你可以指望从中学到点什么——它肯定带有某种目的。你现在快二十岁了。你已经不是一个孩子了。你现在是一个成人（这就是我在这封信中以成年人对成年人的口气与你说话的原因）。人们可能因为你醉酒、被学校开除而对你另眼相看，甚至因为你过去的那些黑历史而议论你。但是不管怎样，你那时候还只是个孩子，你还没有开始严肃对待生活，但是这些都是过去。人们现在将你视作成年人、一个自力更生的青年。

随着你不断长大，人们会根据你的行为评价你。

我对胡德舅舅足够了解，在他那不动感情的外壳下，愤世嫉俗的伪装下，他对外人表现出一副对傻瓜零容忍的模样——在这一切的下面，他是一个极度好强的人，总喜欢训斥年轻人。但他非常爱他的侄子们，因为他们是他最亲近的继承人了。大卫，没有什么比胡德舅舅外壳下的那个人更想看到你表现出色了。他若看到你成了一个真正的男人，看到你能挣钱养家，承担责任，他会很欣慰的。

你跟我相比有在燃气公司工作的优势。由于我有听力障碍，我当时只被允许和一大帮人一起挖壕沟或往卡车上搬运东西。因为只有在这两个地方，我才没有受伤或死去的危险。但你有正常的听力，你像吉米那样前途无量——如果你能够向胡德舅舅证明你勤奋、负责。

在做到这些之后，你必须专心致志地做他们给你的工作，并出色地完成它。如果你和其他人一起工作，不要一看到别人在偷懒你也就松懈下来。保持你的工作速度。你不会想到胡德舅舅安排了多少监督员，当我在拖延时间或偷懒的时候，总会有人告诉胡德舅舅。

如果你在一群人中工作，不要让其中的任何人影响你。如果他们打趣，跟他们一起哈哈大笑，但是请控制你的脾气，做好你自己的事。绝不要偷懒不工作，占彼得的便宜。如果你跟彼得单独接触过几次，你会发现他是一位很合格的朋友。如果你问他他觉得你的工作是否过得去，或者向他讨教如何提高工作质量，他总是很乐于给你答案。但大多数时候，如果你真正用心的话，我知道你的最好状态远好于过得去。

如果有人开你玩笑（恶作剧）的话，不要当回事，跟着大家一起笑过后，继续做手头的工作。如果你发现是谁干的话，找个单独的机会（不管他是谁），告诉他们你没空在这里游手好闲；如果他们再犯的话，你会把鹤嘴钳卡在他们的头上！然后告诉他们你对他们没有意见，只要他们不再对你搞恶作剧——并且这是第一次也是最后一次警告！

3

记住，如果你去那里工作的话，胡德舅舅时时刻刻都会盯着你！你必须承认你过去的表现并不令人满意。你的过去并不代表任何东西，大卫，但是你的现在和未来至关重要。因此努力工作，坚持工作，使你的名声给你带来更好、更有益的工作！

我挖了八九年的壕沟才转到在卡车上工作。吉米在铺管道、读燃气表、钻井之前也挖过壕沟。在积累了这些工作经验后，他才得到了现在的工作。你必须不停地向你的上司展示自己，大卫。但是要想展示，你必须自觉地努力工作来获得展示的资本——这一切靠你自己，希望你懂我的话！我相信你一定懂！

祝你在燃气公司工作顺利。

自我约束

有几件事我想提出来引起你的注意，大卫。第一，如果你真心希望成功，你必须学会自我约束！要想做到自我约束，当你在燃气公司工作的同时，你必须放弃工作日晚上的所有娱乐活动。为什么？因为它们会影响你的休息，耗费你的精力；第二天早上，你会觉得让你准时起床上班简直就是在地狱里受折磨。还有，你一整天都会疲惫不堪，你会对苦力劳动心生厌恶。你甚至会"请病假"，给自己放一天假。但是常识告诉你，如果你每晚9：30或10：00就上床睡觉，你就能得到充分的休息，第二天早上精神十足——对新的一天的艰苦任务跃跃欲试。

周末？那就完全不同了。你可以在周五和周六的晚上放松一下（只要你周六不用工作）。享受愉快的时光，你会更加珍惜放松消遣的时刻。但是不要纵欲——保留一些精力去做有意义的事。

酒？你上次喝朗姆酒喝得翻江倒海，不是吗？约翰·巴利康先生带你出去过几次，如果你仔细回忆的话应该还能记得。我个人对酒并没有偏见，如果你是在跳舞前喝一小杯，或在篮球比赛或足球比赛前喝一小杯，或当好久不见的老朋友们聚在一起庆祝的时候，这都没有问题。

但是，大卫，在兰伯波特的家中有完全不同的规矩。出于对健康的考虑，任何人在任何时候都不得沾酒（除非他们觉得无所谓了，想打破这条规矩）。如果你喝酒，你就给了小镇上的大嘴巴们议论你的机会——他们传播流言蜚语，母亲会因为别人议论她的儿子而伤心的！我不会要求你喝酒或不喝酒。这由你决定。我自己时不时地会喝一杯，但大多数时候我并不沾酒。用你的判断力来决定在哪里喝酒，谨慎选择喝酒的伙伴，尽量喝比你认为合适的量更少的酒。当然，如果你滴酒不沾的话那也可以。但是我不会强迫你遵守一条我自己也不会遵守的规矩。不管怎样，你和我一样聪明，甚至比我更聪明，你一定能在饮酒问题上做出正确的判断的！

4

在择友问题上，大卫，我知道你在兰伯波特并没有什么跟你谈得来的人。事实上，我认为整个兰伯波特没有一个年轻人能跟你相比较。那里的大多数青年都是好人，但是他们一文不值！他们中的大多数人懒惰，没有前进的欲望，只想着出去撒野、喝酒、调戏女孩子——当然这并不是他们的错，他们在落后的环境中成长，没有机会看到其他更上进的人的例子。

大卫，"近朱者赤，近墨者黑""人以类聚，物以群分"这些话十分在理。某一天，如果你工作努力的话，你也有机会成为有名气的人物！当你真的有名了，你总不想被别人看作那些小镇痞子的密友或铁杆兄弟吧？

请不要误解我，大卫。我并不想表现出任何"瞧不起人"的态度，你也不要把我当成自命清高之人。你知道我不是这样的。但我的确喜欢实话实说。不管怎样，我希望你好好想想这些话，还有我给你的那些老人之言！我真的能在你身上看到无限的潜能，它们终有一天会化成有价值的东西，我不想看到你在和小镇上的乡巴佬和好色之徒的鬼混上中浪费时间。

我想看到的是你和克拉克斯堡那群有教养的人在一起。和玛丽·弗吉尼亚、伊丽莎白·安及她们的朋友打交道。吉米和格蕾丝在克拉克斯堡也有一群密友，加入他们。要想进入他们的圈子，最好这么做：告诉吉米你想结识克拉克斯堡那些有教养的人，他会给他的朋友们引荐你。你和他们一起去舞会，去乡村俱乐部，等等。他们自然会把你介绍给其他人的。让人们知道你的名字是大卫·霍诺·希尔——吉米·希尔的弟弟。

合理计划你的收入

下面是这篇训诫的重点部分——合理计划你的收入。还记得凡斯舅舅以前是如何向杰克和我强调一美元的价值的吗？你刚开始工作的时候，很有可能靠挖壕沟一小时只挣二十五美分（吉米和我的第一份工作也是这样的）。你会将这二十五美分视若珍宝。当你把一个二十五美分握在手里时，你会对自己说："天，我挣了二十五美分，它来之不易！整整一个小时，我挥着锄头上上下下，拼尽全力挖泥巴，手心里出现了水疱和老茧；当我直起腰时，后背咔嗒一声，疼得简直就像是断了一样！我像苦役犯一样劳作，最后只得到了二十五美分，但是这是我亲手挣来的，太棒了！"

那时候，大卫，你就会理解凡斯舅舅说的话，他试图让杰克和我珍惜二十五美分的价值。每次我花十五美分买烟，都会感到脊背一阵颤抖，并对自己说："老天，我得花三十六分钟的时间挖壕沟才能挣到这些钱！"

5

我想说的重点是：你的钱会来得很不易。我知道你懂得钱来之不易，所以不会随意挥霍它。但是我们都知道，有目标却没有合理的行动跟随其后，这个目标其实是毫无意义的。我想在这里建议你给自己一个花钱的额度：烟草、洗漱用品、鞋子、理发、偶尔的舞会或电影。给你自己定每周1.5美元到2美元的花销，其余的存进一个银行账户，这样你就不会用它了。将钱存起来，这样，如果你安定下来想重新去上学的话，你就有钱付学费和生活费了。看看你要存够五百美元需要多久。这样在紧急情况下，你也有存款，因为无论你未来做什么，你都会需要额外的经济支持。你会惊讶地发现存钱的过程能给你带来多少自我尊重！

我想我对你说教得够多了。我希望我前面说的话能给你带来帮助。大卫，你一定要知道，我之所以说这些话，是因为我知道它们能帮助你；如果你能记住并遵守，那就太好了。

请代我向吉米和格蕾丝问好，告诉格蕾丝替布莱尔舅舅给小宝贝一个吻。我把我所有的爱都给你，大卫，再加上一只印在纸上的手。祝你在工作中一切顺利。我就说到这里了。请来信。

你的兄长，
布莱尔

P. S.：大卫，如果你有空的话，请来看望薇拉吧。她要把东西都搬出去，她打算住到我们的房子草坪角落的那间小屋子里，就是以前斯通家住的地方。不知道你能不能帮她搬些重物。问问她有哪些家具要搬过去（她会告诉你的），问一下彼得·施里夫斯或克拉克·罗宾森愿不愿意帮你将它们装上他们的卡车，然后运到目的地，或就放在屋子外面。非常感谢，大卫！

布莱尔

图书在版编目（CIP）数据

致富的勇气 / (美) 拿破仑·希尔著; 金琳译 . ——
北京 : 北京联合出版公司 , 2017.7
　　ISBN 978-7-5596-0530-6

　　Ⅰ . ①致… Ⅱ . ①拿… ②金… Ⅲ . ①成功心理 – 通
俗读物 Ⅳ . ① B848.4-49

中国版本图书馆 CIP 数据核字 (2017) 第 132656 号

Napoleon Hill's Greatest Speeches
© 2016 Napoleon Hill Foundation
中文简体字版 ©2017 北京紫图图书有限公司

致富的勇气

项目策划	紫图图书 ZITO®
监　　制	黄　利　万　夏
作　　者	［美］ 拿破仑·希尔
译　　者	金　琳
责任编辑	夏应鹏
特约编辑	张耀强　高　翔
版权支持	王香平
装帧设计	紫图图书 ZITO®

北京联合出版公司出版
（北京市西城区德外大街 83 号楼 9 层　100088 ）
北京天宇万达印刷有限公司印刷　新华书店经销
150 千字　880 毫米 ×1230 毫米　1/32　8.25 印张
2017 年 7 月第 1 版　2017 年 7 月第 1 次印刷
ISBN 978-7-5596-0530-6
定价：49.90 元